U0350251

FRANK REPAS
A R C H I T E C T U R E

弗兰克·雷帕什建筑事务所 作品集

（美）弗兰克·雷帕什建筑事务所 编著 常文心 译

约翰·赖赫曼、肯尼斯·弗兰姆普顿 撰文
安德鲁·麦克尼尔 撰写简介

辽宁科学技术出版社

目录

献辞

谨以此书献给四位对此书意义重大的人：

方兴集团执行董事兼常务副总裁贺斌吾先生。他是一位严格而有灵感的客户，他对建筑、视野、特殊才能和能量的热情是项目从设计到施工全过程成功的关键。

上海国际港务（集团）股份有限公司前任董事长陆海祜先生和现任董事长陈戌源先生，他们的远见卓识是项目成功的关键，同样感谢王迟总经理的支持和帮助。

上海宇盟工程设计有限公司客户协调建筑顾问唐红女士。她的眼光、卓越的建筑直觉和出色的项目掌控能力使她所提出的指导和建议十分可贵。

公司的项目总监杰米·帕克·卡特。作为设计师，她的智慧、创造力和活力对公司的成功至关重要，这在每个项目中都显而易见。

我的妻子戴安娜·范维克。尽管她并不是建筑师，但是她的建议和支持对我来说十分重要。

下图：上海港国际客运中心码头夜景

摄影：Blackstation

人类的悲剧在于两种命运：命中注定和欲望，且他们二者的区别毫无所知。(J.D. Bernal, in The World the Flesh and the Devil)

如果世上没有，我们就制造出来。

The Institute for Experimental Teleology

试验性设计

每个建筑项目都以使用者的预期行为为设计模型。艺术的目的之一在于以令人惊喜的形式来改变这种预期效果，从而强化这种行为。

惊喜所带来的行为强化并不是城市政策或建筑流程中的“研究”，但是总能带来精彩的城市空间设计。

偏离的预期效果有助于形成空间构造的新理论模型。

这些理论与科学理论的不同之处在于它们缺乏普遍性：项目所体现的理论通常仅针对特定的项目，不能轻易转移。一个项目的特殊环境与理论宽度通常复杂而混乱。但是，宇宙本身也是混乱的。

因此，每个项目都相当于一个宇宙。这就形成了无数的宇宙。建筑是材料制成的，每座建筑都代表着一种现实的假设。如果假设成立，建筑的物质性通常会体现出它的目的性。

以预期群体行为为模型的大规模城市设计必须呈现出足够大的惊喜。早在设计进行之前，本书中的上海港国际客运中心码头项目就以其复杂的场地和规划为人们带来了足够大的惊喜。

摄影：Antoine Duhamel

下图：从客运中心的桥上向南望

下图：2010世博会总部会议馆

在本书的“理论化”设计项目中，惊喜来自于将所有因素（当然也包括意外因素）归于一个目标的想法。“研究”是找出将各个因素（场地、规划、社会限制、结构限制）融合起来的创新方式的一种过程。

建筑能够呈现出惊喜而折中的空间，人们可能会在此与某种思想、某个人进行初次邂逅。想法就像人一样：初次见面，你对他一无所知。本文所表达的概念——试验性设计也许一开始会不被接受，但它是宇宙概念的映射和组合。

下图：建设中的上海港国际客运中心码头

Manhattan 14th Street

Manhattan 14th Street

曼哈顿14号街

曼哈顿区内部没有河流穿过。东河穿过纽约城，将曼哈顿与城中的其他地区分开。然而，东河在14号街，沿着罗斯福快道向前铺开，由曼哈顿、布鲁克林和布朗克斯区围成了一个类似中央湖的水域。

联合爱迪生公司大楼的所在地正好突出了这个城市新中心的景色。针对海平面上升的问题，地面被架高，在罗斯福快道对面形成了一个滨水城市广场，与纽约的其他地区截然不同。

滨水广场本身也是一座建筑，广场中央是一个高挑的观景和表演空间，旁边设有通往水边航船的通道。

项目所在地的地面将继续作为停车设施，而中央的北向广场和开发项目的水平面都将高于罗斯福快道。

沿着罗斯福快道的弧形下翼结构高12米，可以作为阻挡噪声和汽车尾气的屏障，配有朝向露天绿地的玻璃墙。绿地后方的联排别墅朝向南面，朝内配有庭院。

24米高空上悬浮着第二层联排别墅，这一高度使它们可以尽享全方位的视野和新鲜的空气。两层联排别墅都没有设置与街面等高的庭院，而是在两层之间营造了景观，每层别墅的屋顶都被建成了空中花园。

这个项目最初完成于20世纪80年代，是由弗兰克·雷帕什建筑事务所与拉克尔·拉马提规划事务所合作，为纽约联合爱迪生电力公司打造的大型项目。鉴于这个地块在建设滨水新区和应对气候变化中的重要作用，弗兰克·雷帕什建筑事务所在2013年对该项目进行了改进和升级。

右图和下页：R-10 附加版本效果图

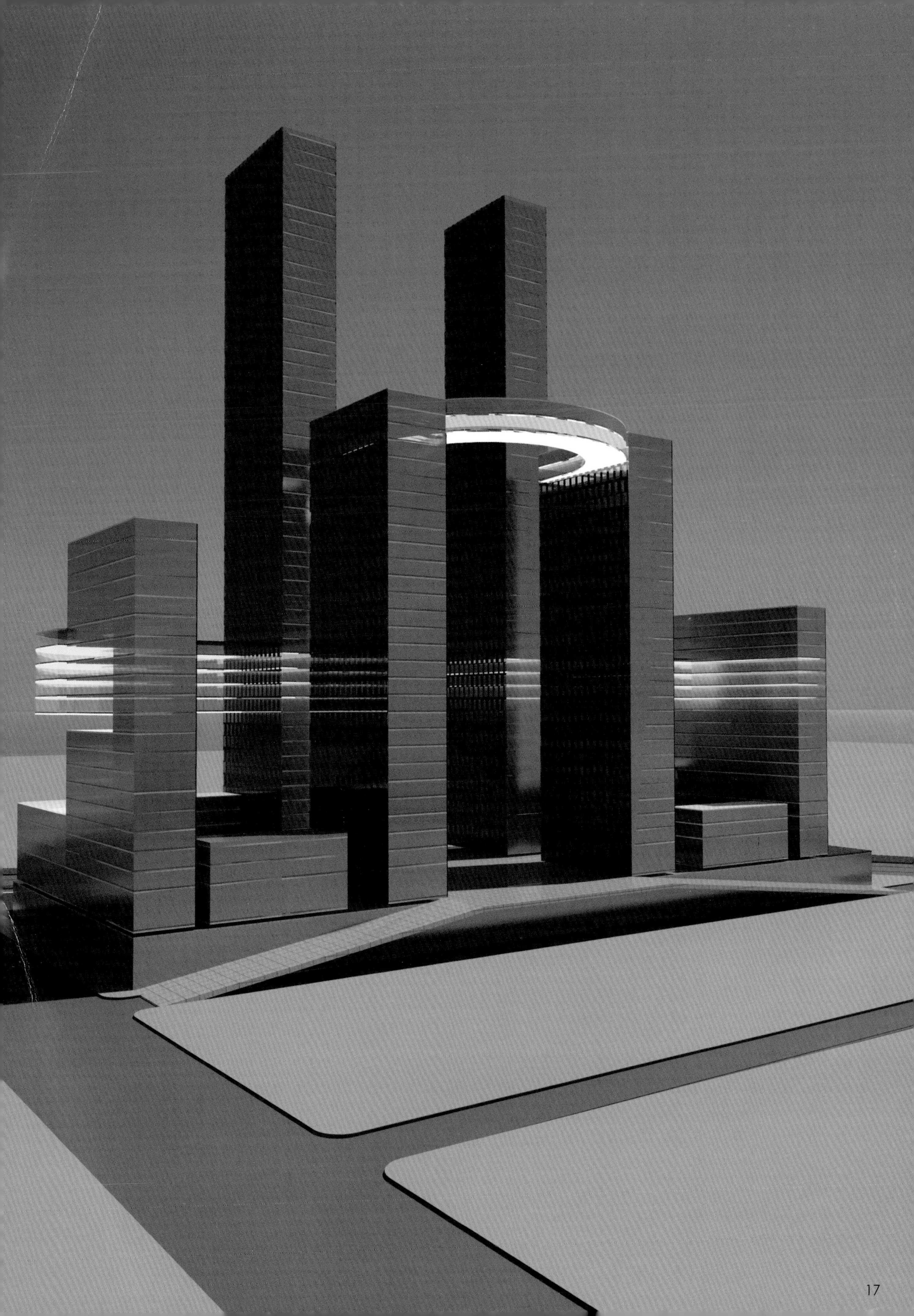

下图：曼哈顿城市环境

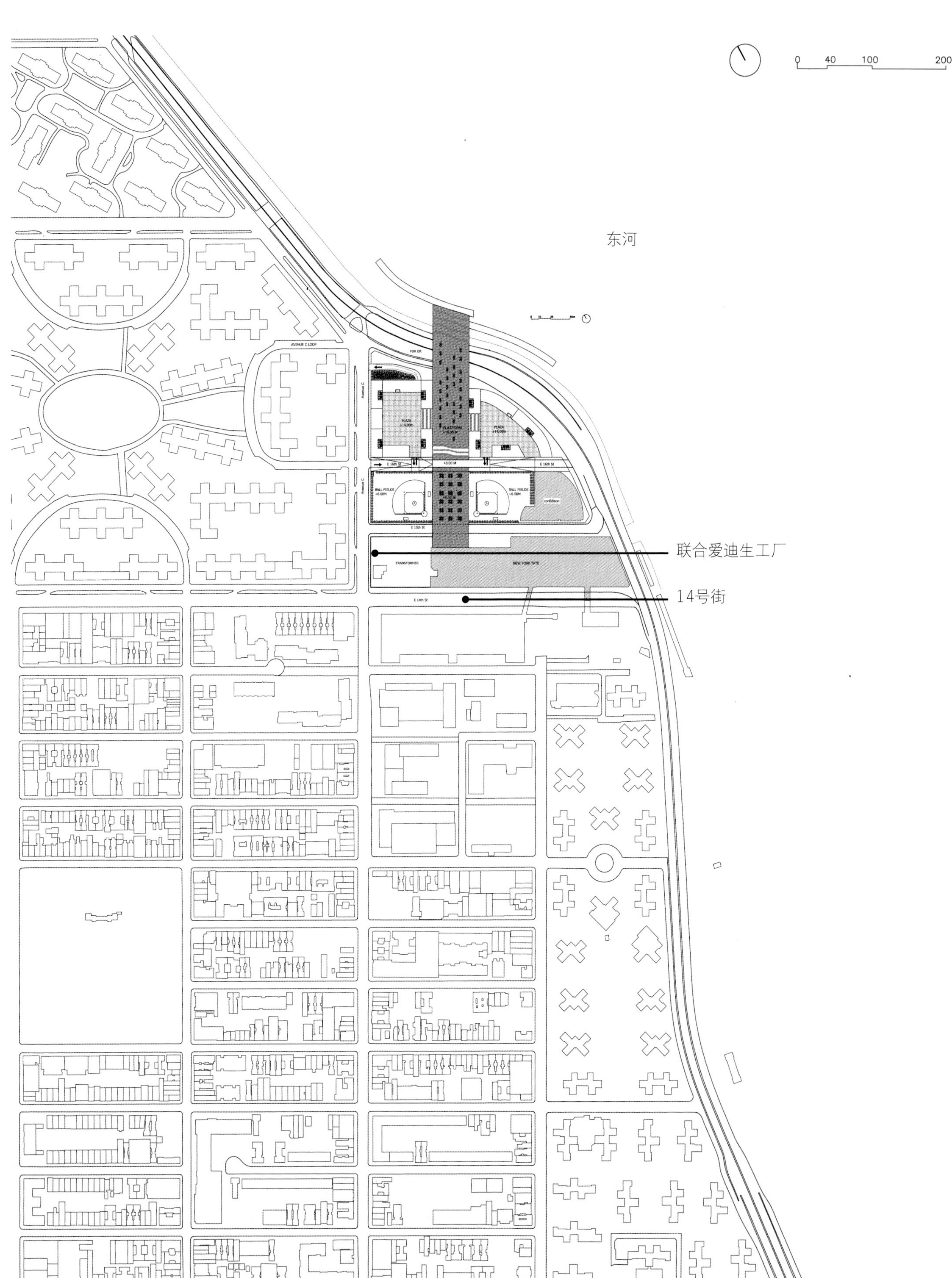

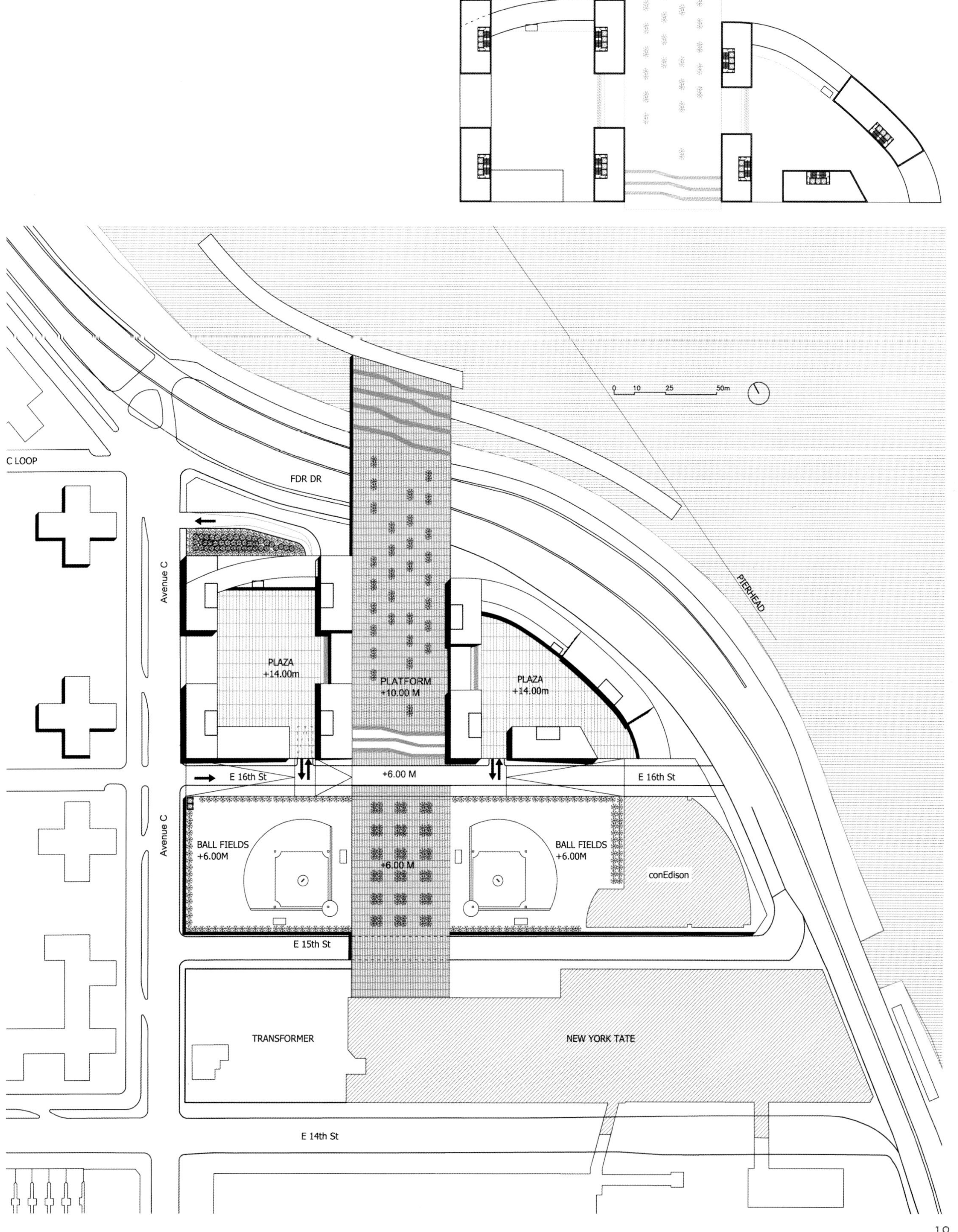
C LOOP
FDR DR
Avenue C
PLAZA
+14.00m
PLATFORM
+10.00 M
PLAZA
+14.00m
PIERHEAD
0 10 25 50m
E 16th St
+6.00 M
E 16th St
Avenue C
BALL FIELDS
+6.00M
+6.00 M
BALL FIELDS
+6.00M
conEdison
E 15th St
TRANSFORMER
NEW YORK TATE
E 14th St

下图：住宅停车层El. +6.00M

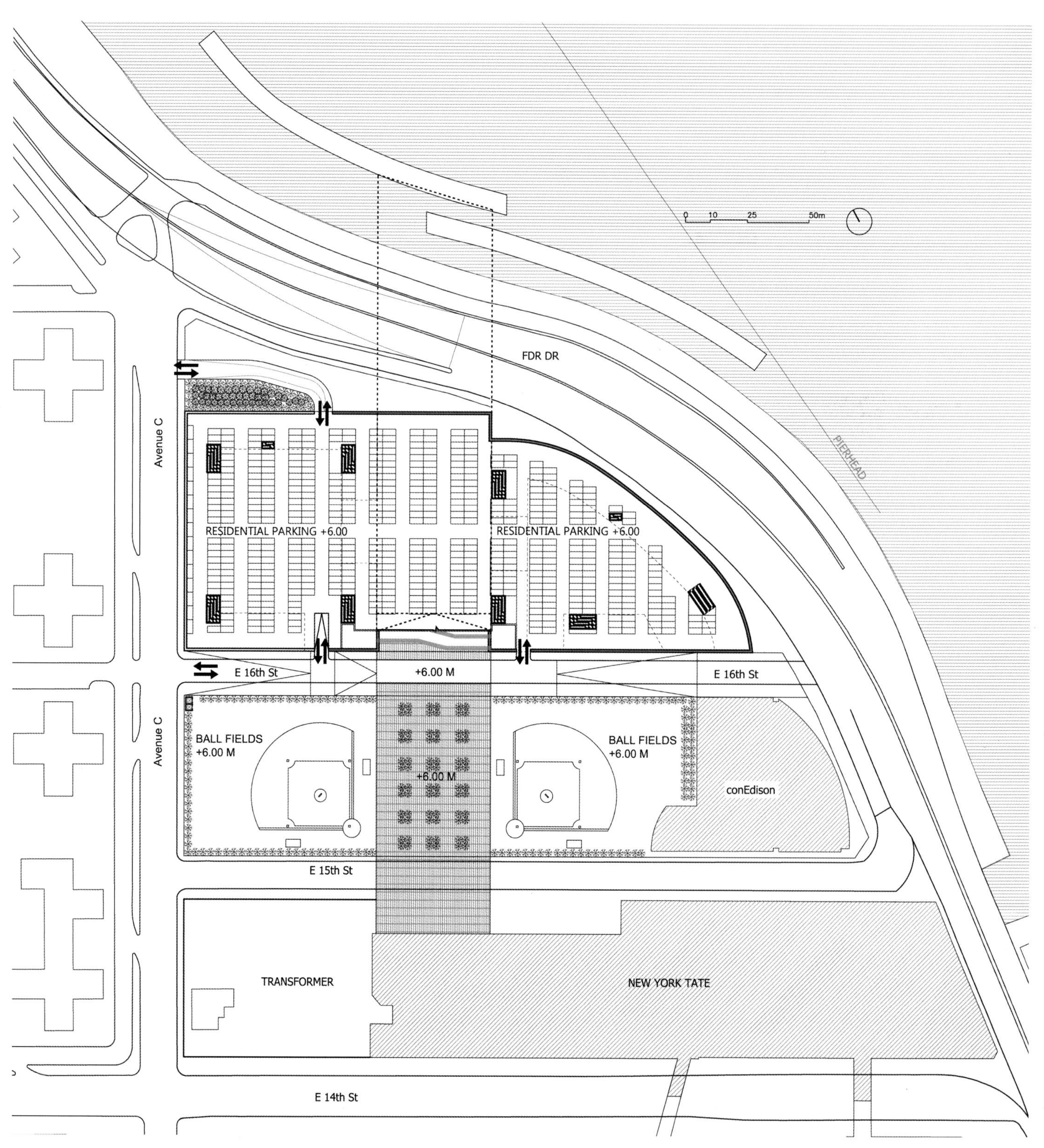

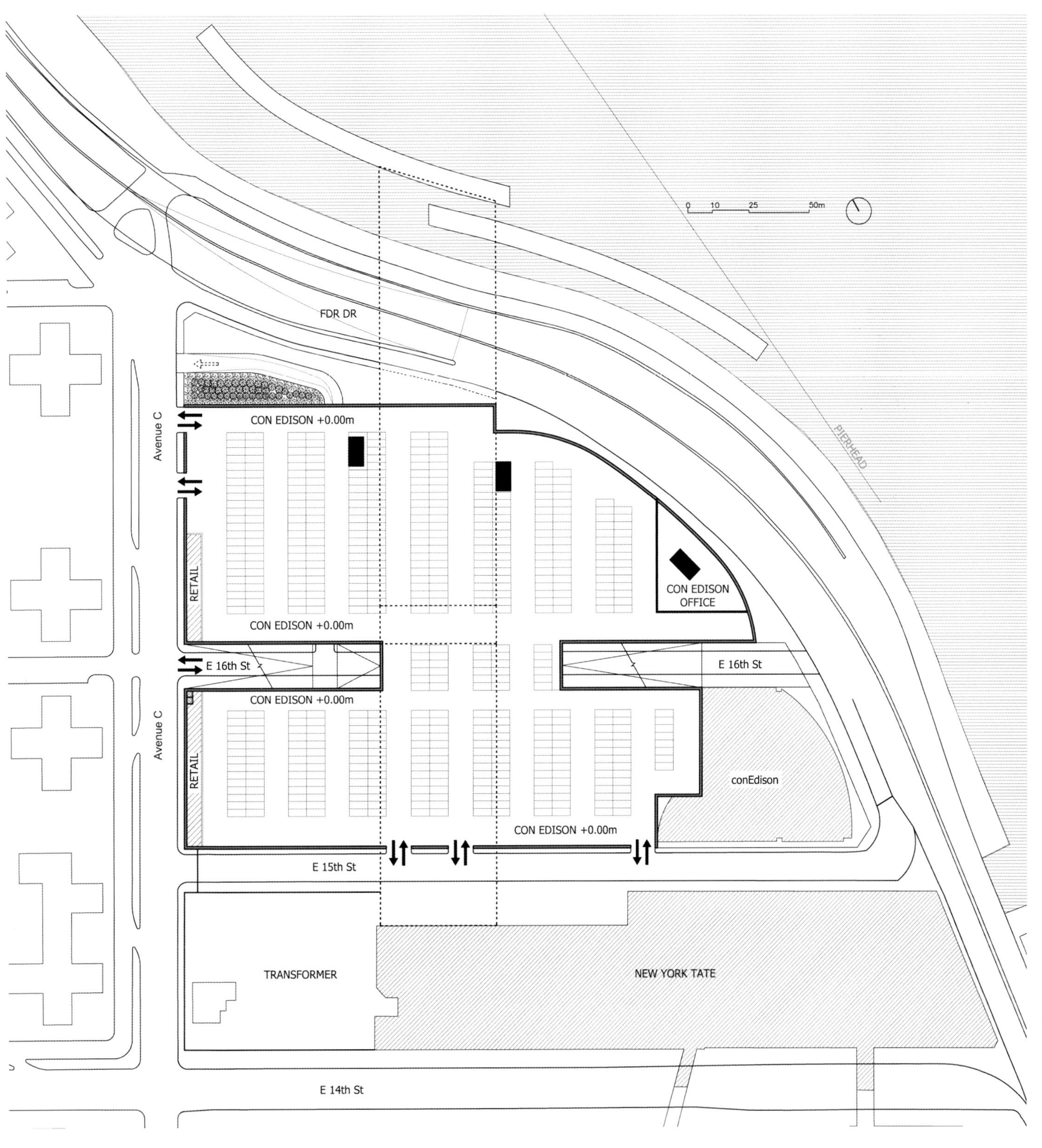

FDR DR
0 10 25 50m
PIERHEAD
Avenue C
CON EDISON +0.00m
RETAIL
CON EDISON OFFICE
CON EDISON +0.00m
E 16th St
E 16th St
CON EDISON +0.00m
Avenue C
RETAIL
conEdison
CON EDISON +0.00m
E 15th St
TRANSFORMER
NEW YORK TATE
E 14th St

下图：平台剖面图

+14.00 M
+10.00 M
+6.00 M
+0.00 M STREET LEVEL
PLAZA LEVEL
PARKING
CONED VEHICLE STORAGE
FDR DR

E 15TH STREET
E 14TH STREET

下图：设计草图

（1989年方案）

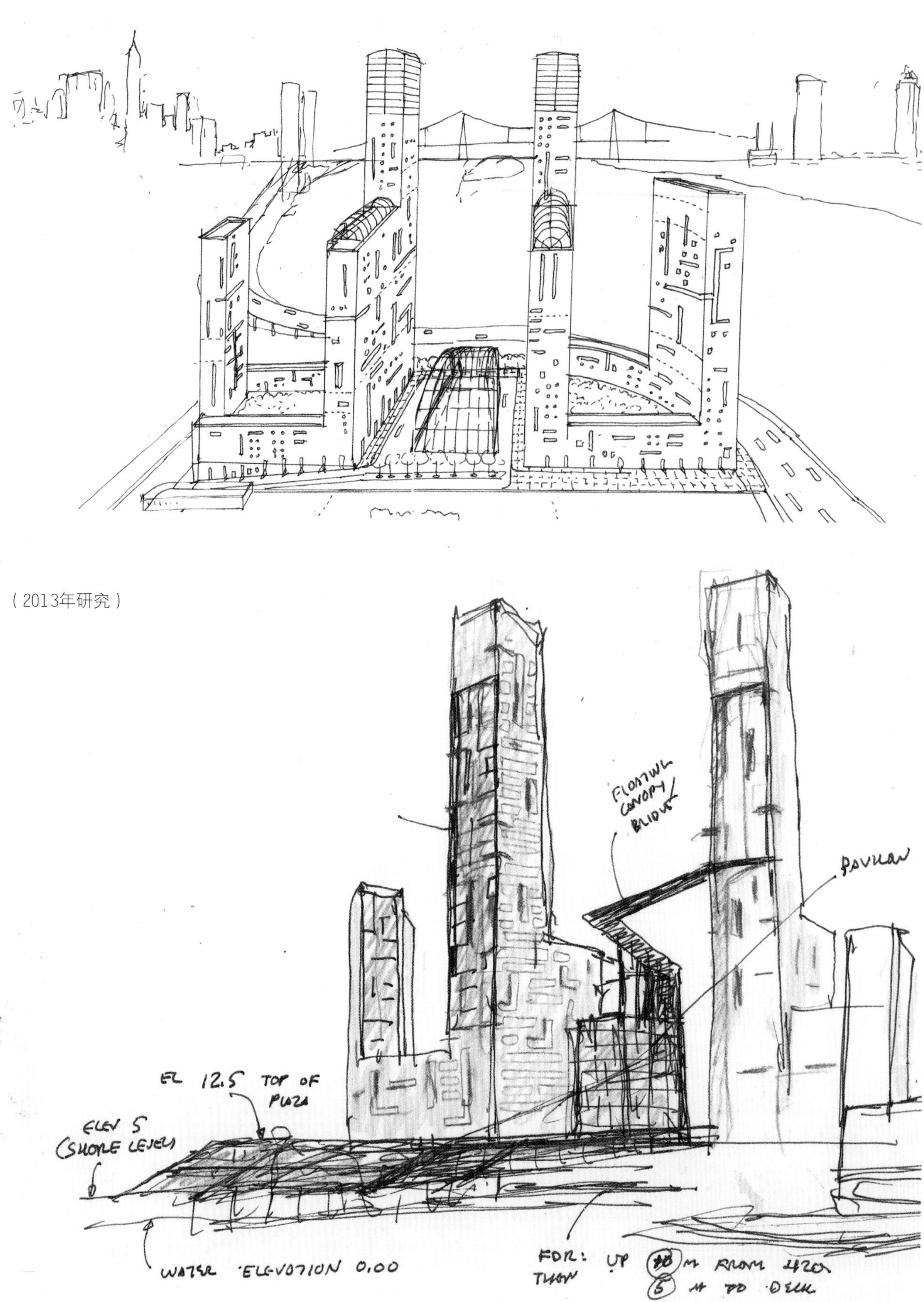

（2013年研究）

下图：南侧鸟瞰图

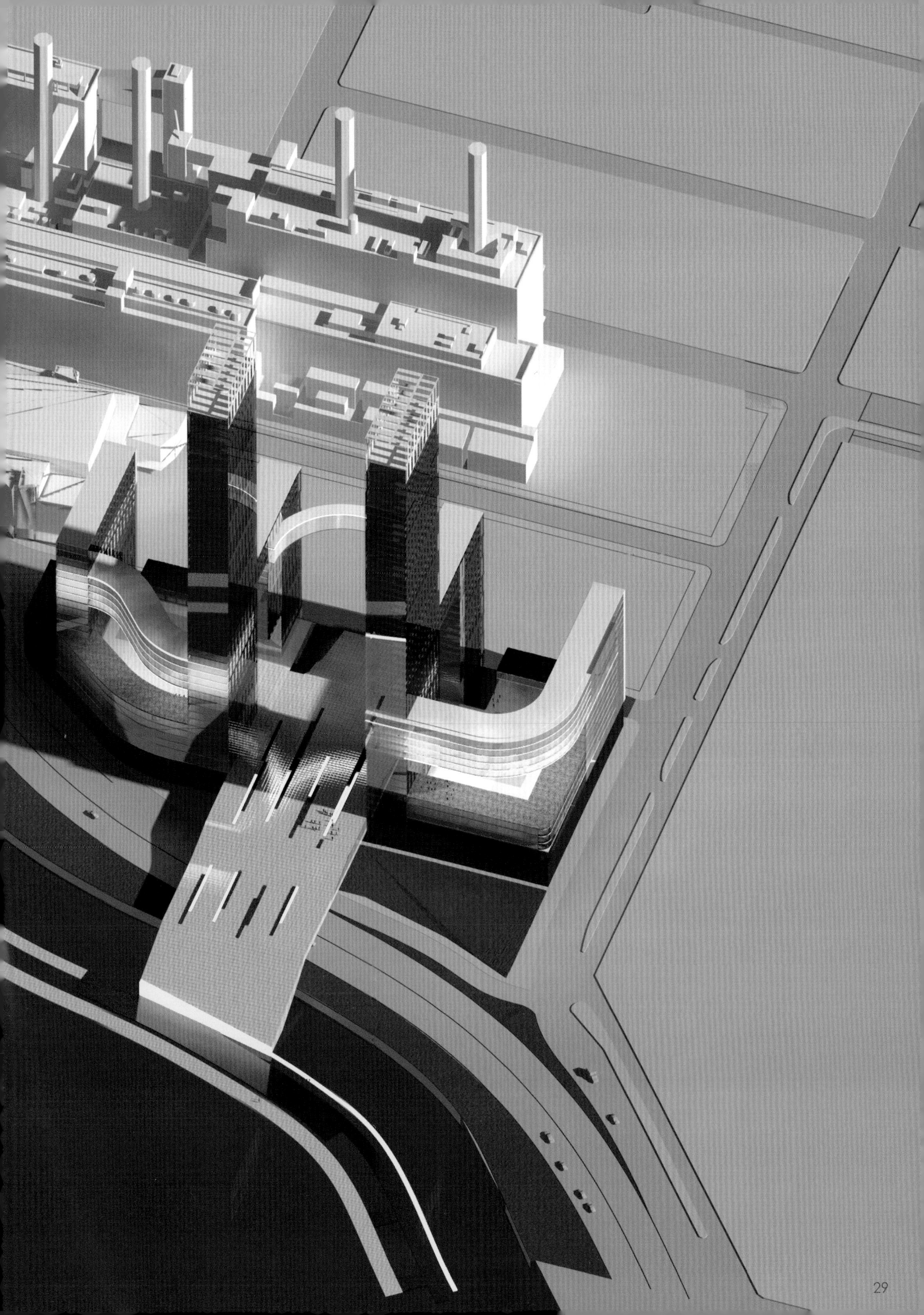

下图：R-10版本效果图（中等密度）

下图：公共庭院

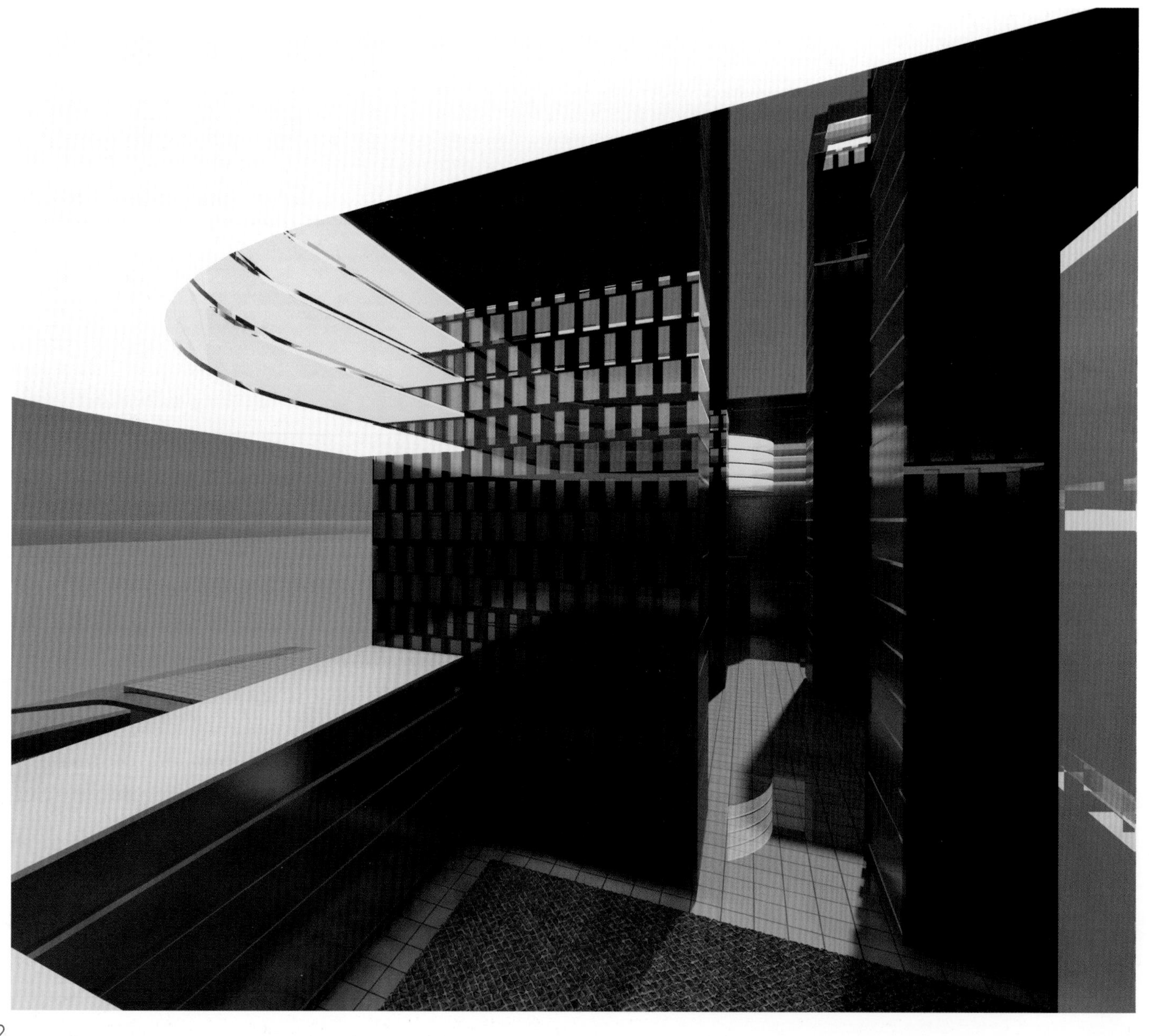

下图：主广场研究

SCG Headquarters Building

The SCG Headquarter Building (Shanghai Construction Group)

上海建工集团总部大楼

上海建工集团总部大楼的造型暗示着融化的冰块，旁边伴有钟乳石和气泡。但是这一比喻并不明显。设计呈现出的形象是一面巨大的铰链式幕墙和两个侧翼，便于增加楼前的步行活动。

比喻是复杂的。从建筑意义上讲，比喻是设计的参考标准。作为一种策略、一个标签，它是项目的卖点之一。建筑的吸引力就在于它能够为使用者提供一种诗意的联系，给他们讲述一段美好的故事。

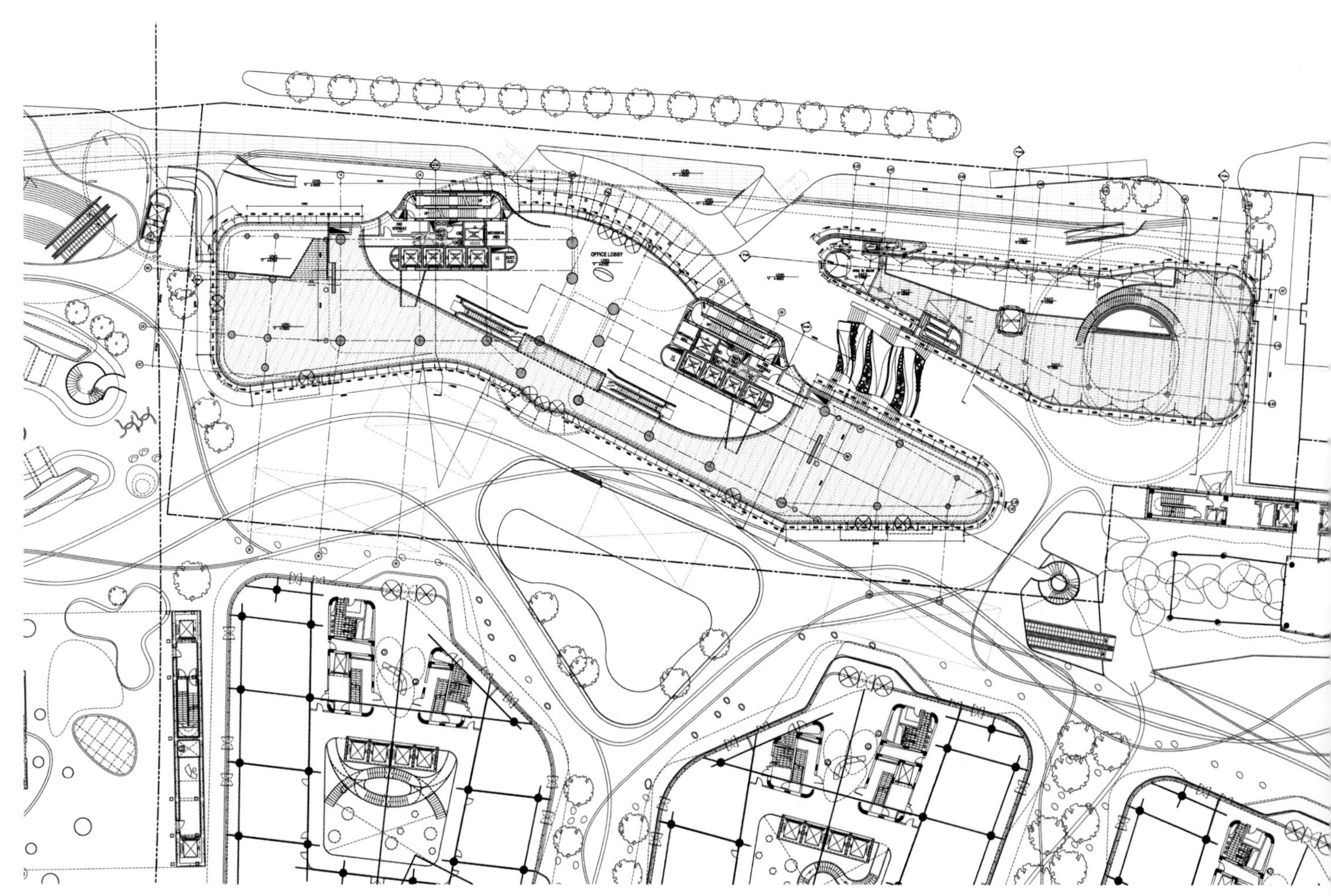

本页及下页摄影：Blackstation

右图摄影：Blackstation

这座100米高的大楼是上海建工集团的总部。上海建工集团为上海建造了许多标志性建筑。建筑设计的目的不仅是打造一座具有高识别度的塔楼，还要让它在大名路上与我们设计的其他两座建筑形成美观的街道墙。大名路与上海港国际客运中心码头平行的1千米路段上有公园的入口和三座由我们设计的建筑形成的街道墙。该路段上还有一座其他公司设计的高层塔楼。（完工时间：2009年）

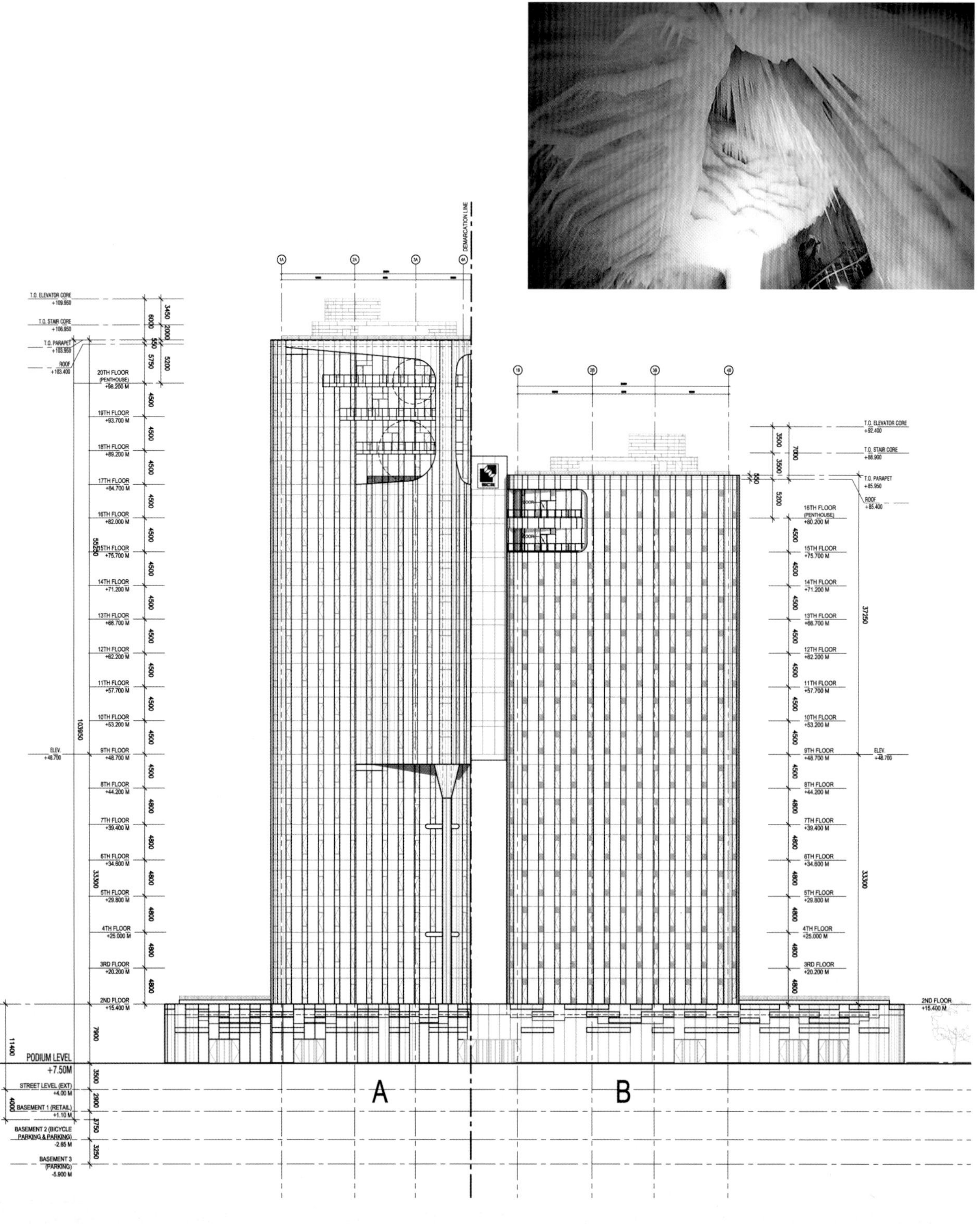

右图及下页摄影：Blackstation

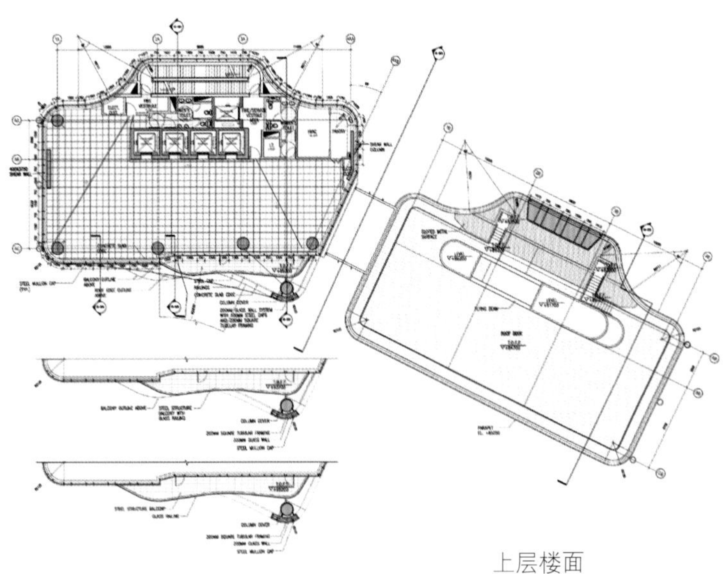

上层楼面

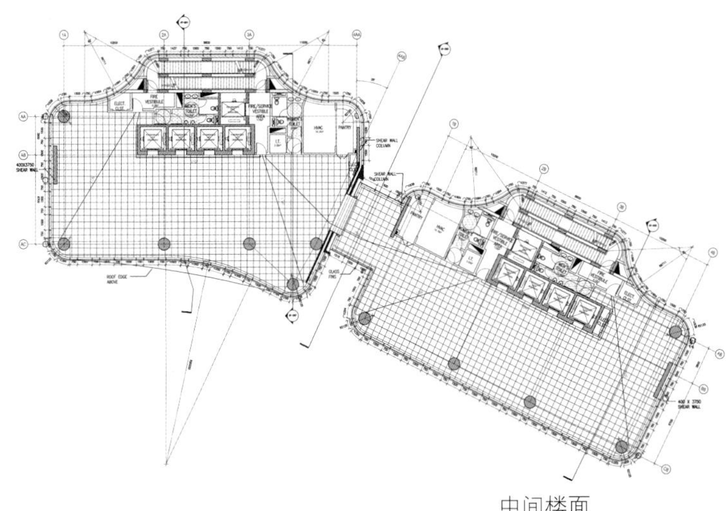

中间楼面

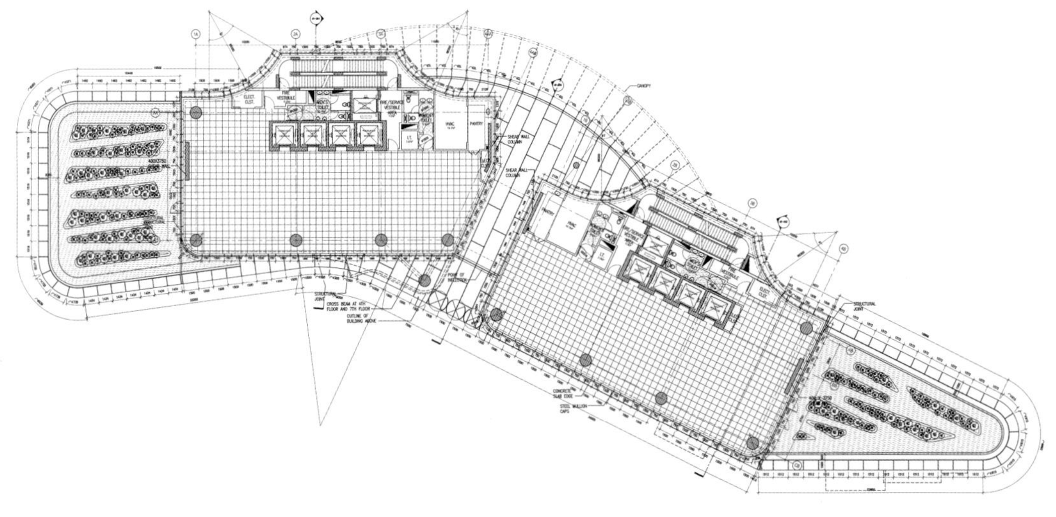

下层楼面

摄影：Blackstation

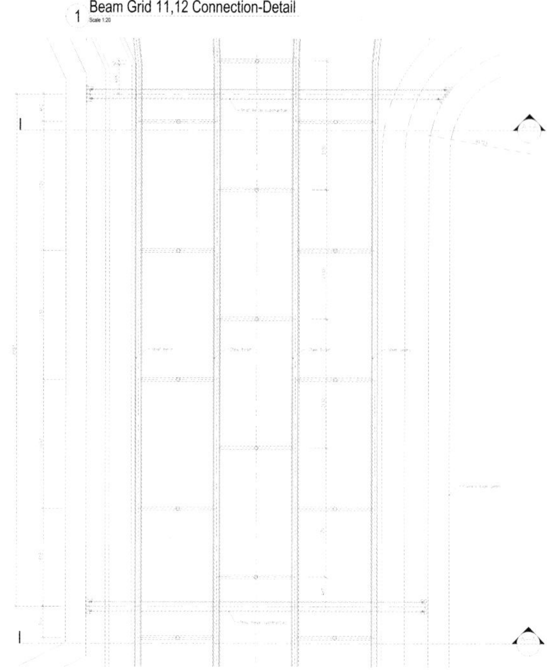

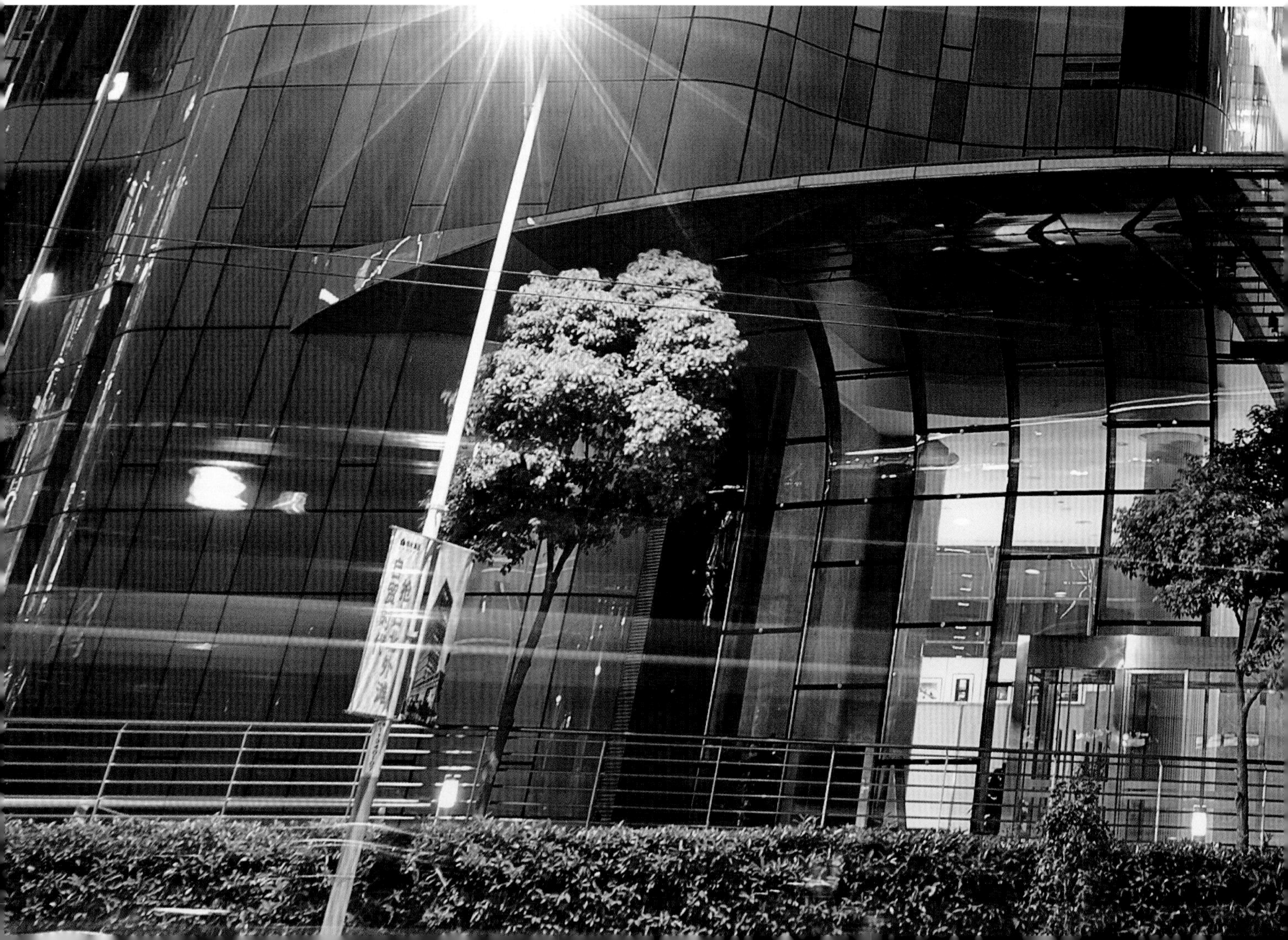

下图：入口雨篷细部

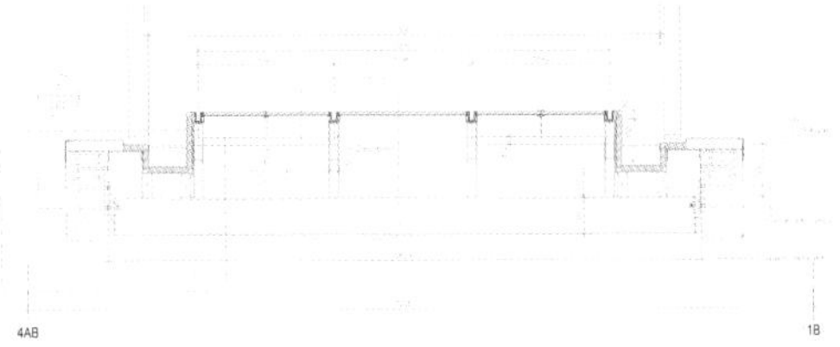

下图：外部立柱细部

摄影：Antoine Duhamel

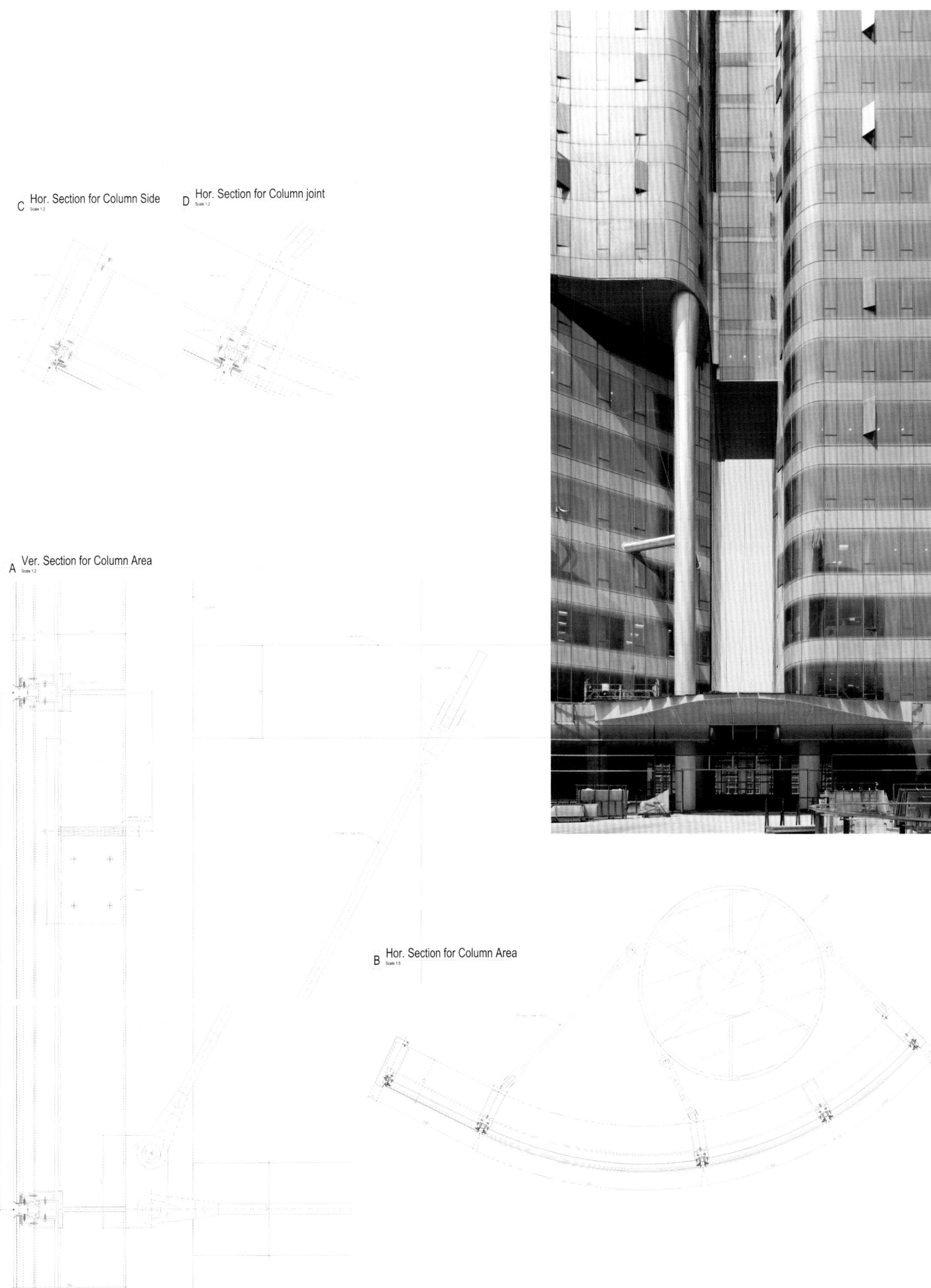

左图摄影：Blackstation

下图摄影：Antoine Duhamei

左图：从南侧看项目

下图：从下方看立柱

摄影：Blackstation

左图：建筑西立面

下图：玻璃立面系统的选择研究

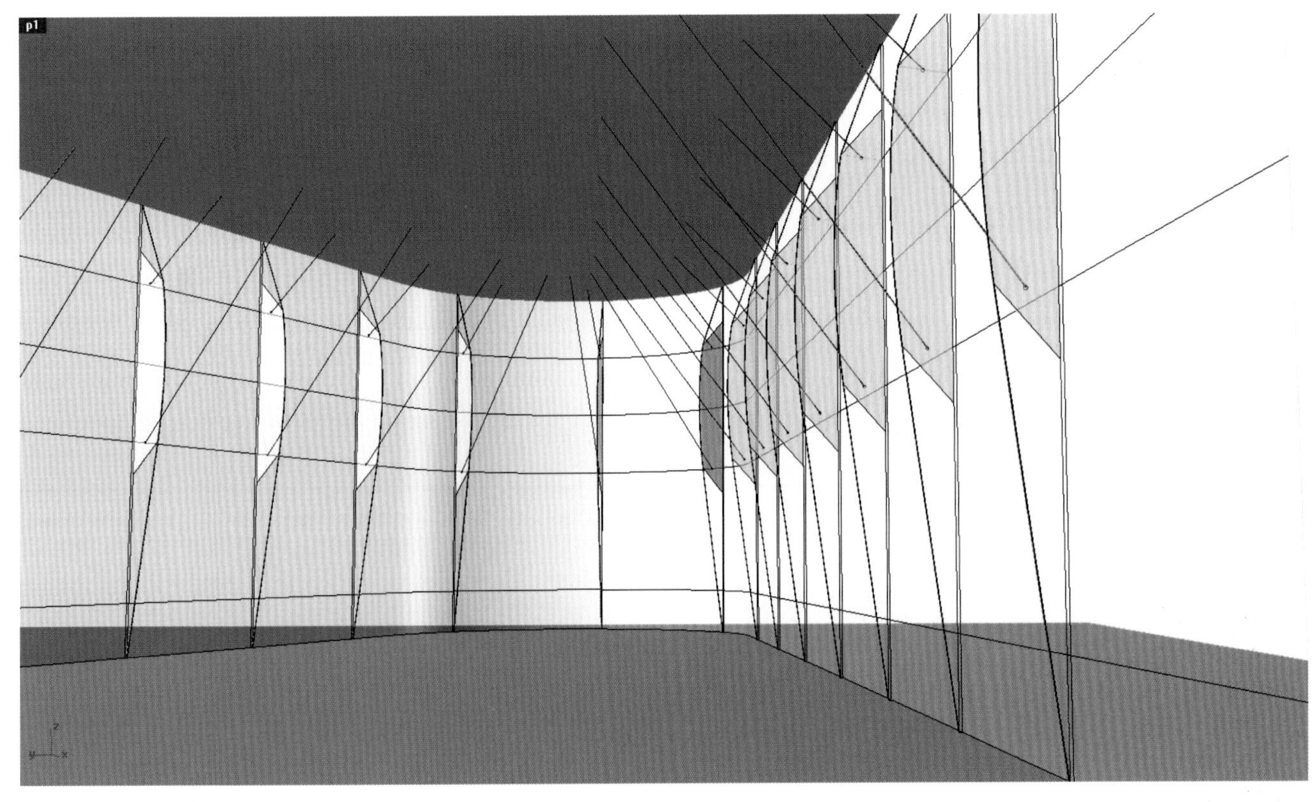

下图：北入口雨篷

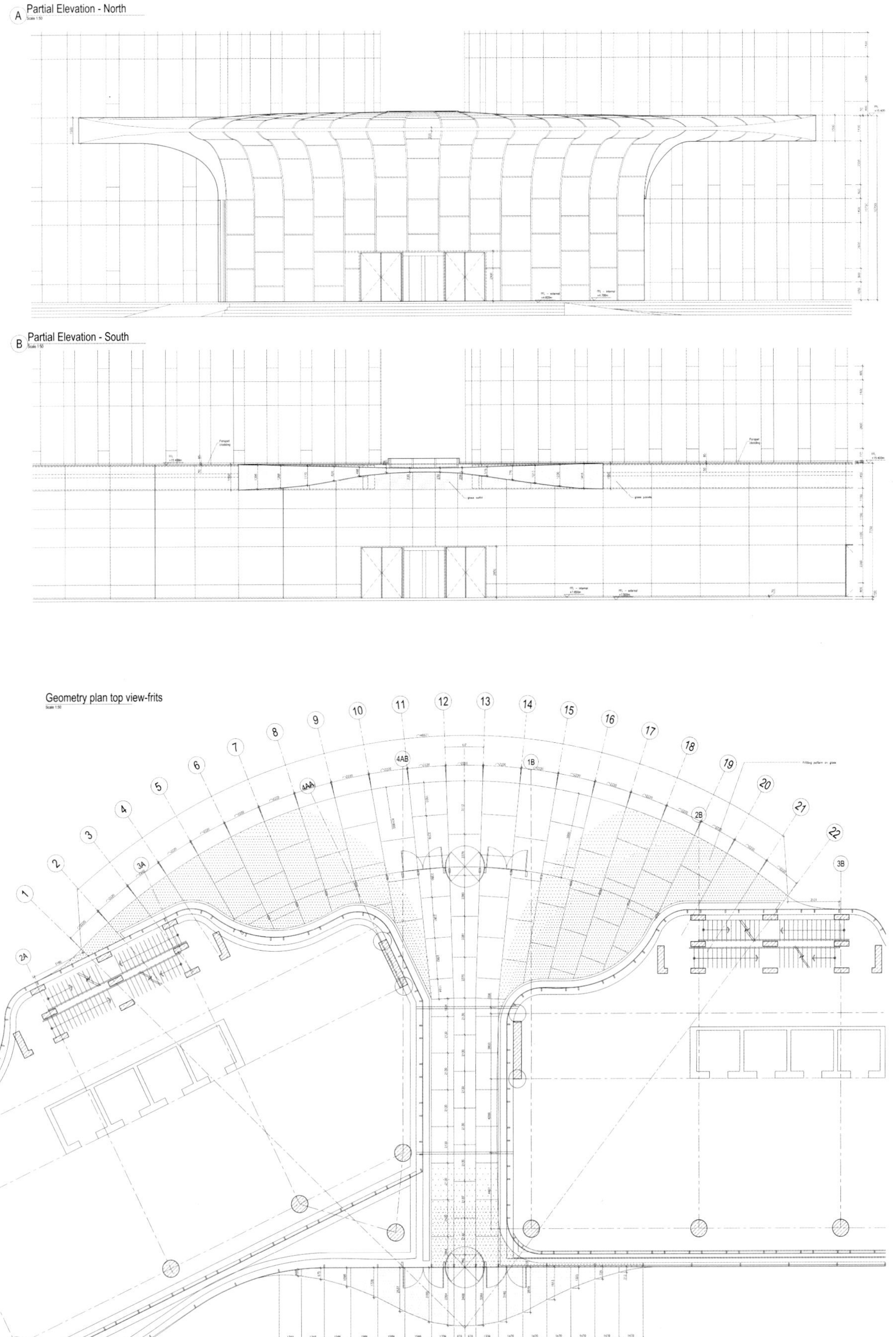
A Partial Elevation - North
B Partial Elevation - South
Geometry plan top view-frits

下图：下层大厅

下图：主大厅内景

上图：东侧街道墙

摄影：Blackstation

下图：西侧街道墙

下页摄影：Blackstation

China Construction Bank Pavilion

中国建设银行营业厅

这座银行营业厅本来是作为上海建工集团的项目陈列馆使用的。它与相邻的上海建工集团大楼和中国工商银行大楼共同形成了大名路的街道墙。沿着营业厅前的道路斜向朝南是商业广场。营业厅后方的螺旋形坡道通往大型地下停车场和地下商业广场的出口楼梯。

尽管建筑仅有两层（街道层和夹层），它细长的造型是形成街景的重要元素。（2009年）

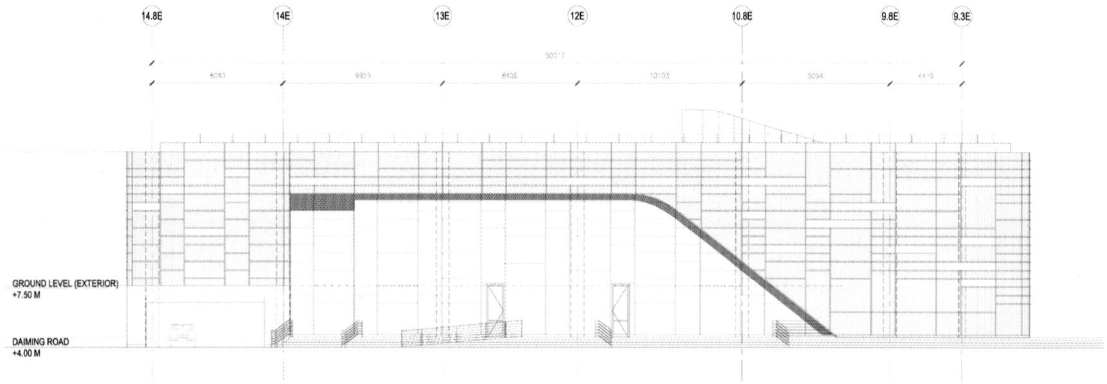

左图摄影：Antoine Duhamel

下图：模型研究

左下：立面初步研究

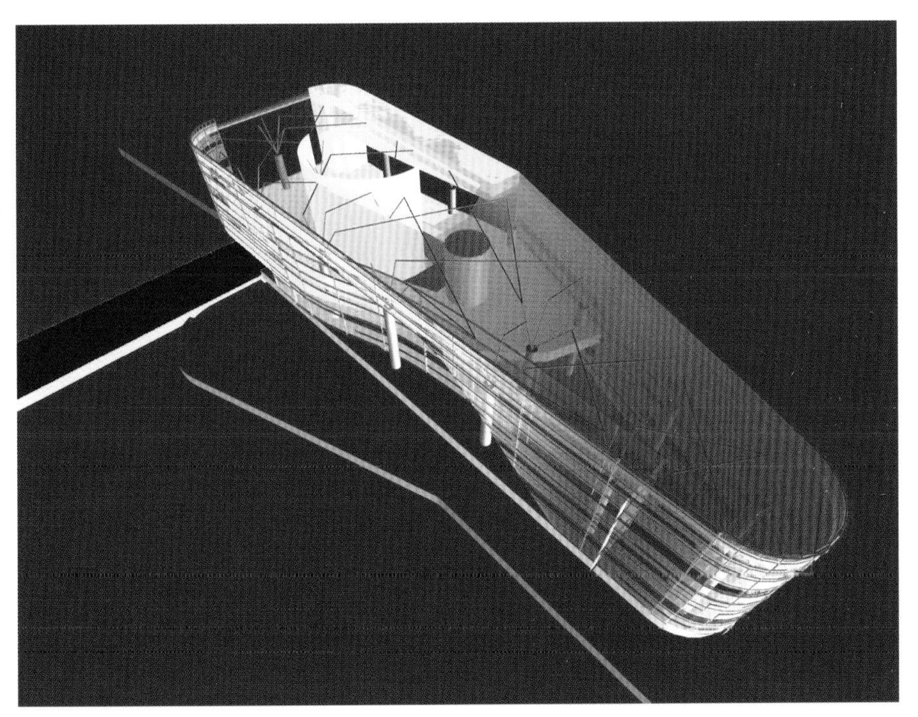

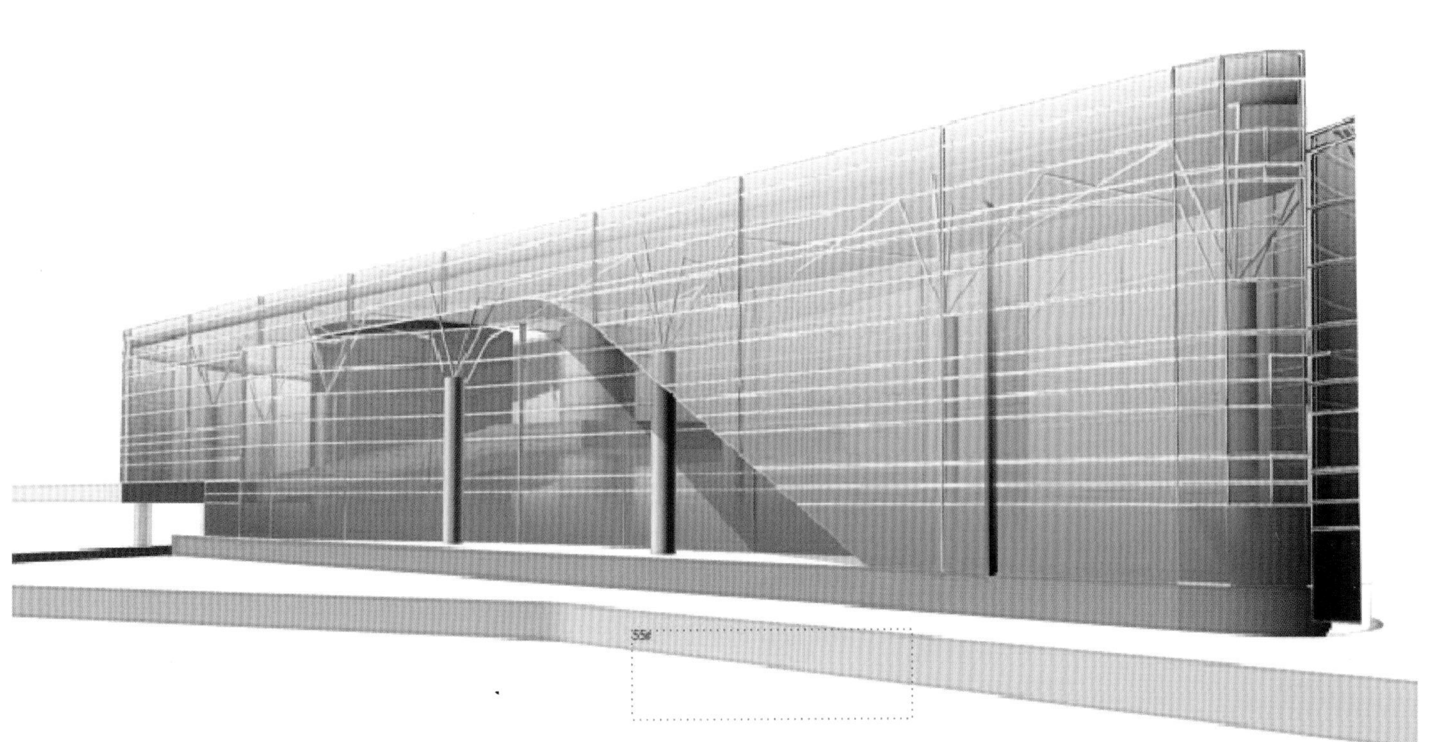

PASSAGEWAYS

通道

约翰·赖赫曼（John Rajchman）
哥伦比亚大学现代艺术项目负责人

上海的时代似乎已经到来了。这座拥有1800万常住人口的临江大都市正在超速发展中，它举办了2010年世博会，是一座“21世纪国际化大都市”。但是上海时代确切的指的是什么？当代？现代？而“通道”和“过客”在这个时代中又扮演了什么角色？这些都是客运中心在规划开始时就面对的问题。客运中心沿江而建，在繁华的城市中心嵌入了一颗耀眼的明珠。

曾经的上海时代带有明显的欧美色彩，现在已经仅存在人们的记忆和历史中了。现在的上海时代充斥着大量新事物，解放了市民，迎接着全新的现代城市。上海时代就像一条通道，通往充斥着新力量、新问题的崭新历史。这个全球金融中心的新时代通道，既不现代，也不具欧美特征；并不能以革命、史诗等词来形容它，因为上海在各种力量、城市构成和功能正建立起全新的联系。面临当前的社会分工和社会生态条件，国家将如何处理从以出口为主的密集型生产和下层结构建设到全新的国内服务和消费型社会的转变？例如，环太平洋地区是否会成为新的休闲娱乐区？与江对岸的东

下图：从浦东看客运中心

摄影：Blackstation

方明珠和路对面规划中的上海塔遥遥相望，被绿树和高楼环绕的客运中心被卷入了这些力量之中，形成了上海通道的一部分。

在这种复杂的背景之下，客运中心码头诞生于各种力量的交汇之中，它拥有强大的委托方。另一方面，作为盘旋上升的通道，客运中心的诞生平稳而充满耐心。它的设计来自于一家极富创造性的纽约建筑公司，既不守旧，也不超前。设计在空间中实践，将古典风格融入到崭新的时空之中。除了自身的码头功能之外，客运中心还为外滩注入了活力，形成了可与明信片上风景相媲美的新景观。客运中心的功能类似于机场的航站楼，乘客从邮轮上下来，前往公园和商业综合体下方的到达区。尽管乘客能够看到大道有其他服务、安保人员的行动，但是他们之间互不干扰。整个客运中心延伸800多米，规模巨大，但是无论在横向还是纵向上，建筑都没有任何“压倒性”的巨大感，丝毫不会让人感觉压迫或突兀。建筑更像一个层次分明的大型壁龛，嵌入空间之中，将公共功能和私人功能分开，配有眼镜蛇头似的玻璃顶。建筑的通道以若干个

拓扑结构将城市景观叠加出不同的深度。至于这是一条什么样的通道，我们必须从上海时代其他更为隐秘的通道说起。

上海早期也有类似的通道。例如，贾樟柯的电影《上海传奇》中所提到的。电影中的上海还处于一个悬而未决的时刻，面临着一条未知的通道——蒋介石正要离开大陆前往台湾，而人们不知道是否应该追随他。这段往事在贾樟柯的独特时空中再现，融合了现实与虚构、主观与客观，在电影中以交通工具（船、货车乃至摩托车）的方式表现出来，象征着人们在通道中通往未知的未来。通过这些通道，不同的故事或命运交织起来，形成了“我们”当时的历史。电影将这段历史投射到苏州河两岸，令新世纪新上海的自豪感变得复杂化。这条通道与错位和短暂的人生相连，通道和过客都卷入了“时代”之中并与其密不可分。他们在脱节的历史之中，在未知的阶层里，在官方陈述和内心的巨变中寻求生存。贾樟柯以这种将虚构、史实和实证混合起来的方式，以电影、录像、照片或装置艺术的形式，将世界各地大都市的变迁呈现出来，形成一个系列。恰恰因为贾樟柯的通道试图捕捉直接而具体的日常生活——例如，电影中非专业演员的上海口音，这些现实生活能够跨越历史、跨越文化，在全球范围内以不同的语言和形式呈现出各个地区的“时代感”，吸引全球各地的观众。

这些通道存在与全球历史的冲突和变化之中。上海时代中有关生命的艺术或电影展示了更广阔的历史视角，同时也在寻找新的历史视角。随之而来的是重大的转折点，首先是19世纪欧洲帝国的崛起，然后是20世纪苏联和美国的冷战，这些几乎已经垄断了历史。上海时代具有更大的不确定性，它将在全球历史中逐渐显现出来。我们可以通过对比得出这一结论。摩登上海或革命上海的框架和通道已经不再适用于当代的上海，至少在形式上会有所不同。从前的巴黎和莫斯科文艺、智慧且政治性十足，但是人们已经无法回到过去。在这座新兴的21世纪大都市中，那些19世纪和20世纪的旅行已经不能决定未来的路线和方向。当代上海的通道不再是用现代或革命就可以简单定义的，它们需要新视角和新方式。

回顾重要时刻的通道和发明是极富教育意义的，特别是20世纪20、30年代。著名评论家瓦尔特·本杰明出生于德国柏林的犹太家庭，他将“美学教育”阐述为重要历史时刻的灾难感或救世主感。从某种意义上说，本杰明在从巴黎前往莫斯科的旅途上，撰写了自己“莫斯科日记”，从而构建了自己从巴黎到莫斯科的通道。与摩登上海相联系的过客大多都由日本甚至墨西哥进入。正如北京机场的壁画被认为是中国当代艺术的起点，我们从瓦尔特·本杰明身上也许能提取出一段通道的“简史”，从而在建筑、媒体和城市进程方面找到通往上海时代的通道。

这段历史的第一个重要时刻是“通道项目”——本杰明将这个伟大的项目托付给乔治·巴塔耶，但是却最终没能完成。项目旨在寻找新的敏锐视角，加入了马克思主义和超现实主义，在欧洲新兴的消费社会和俄罗斯无产阶级革命中寻找平衡。在通道项目的“拱廊”中，我们找到了建筑、街道、窗户的内外交汇点，它们以熟铁围墙点亮。用本杰明的话说，这就是“现代主义产生的模具”。本杰明不希望在项目内部看

到波德莱尔（19世纪巴黎画家）时代的奥斯曼式和百货商店式的建筑形式，他期待看到情境主义画家的“派生设计”和具有巴黎特色的“精神主义”。但是以这种方式看待拱廊的“通道”需要全新的视角，使可见的东西隐藏起来，像巴洛克设计一样将通道中的转折叠加起来，投入到本杰明无尽的研究档案之中。我将会向你呈现本杰明无法用言语表述的东西。在这些通道中，我们所发现的视角不仅适用于巴黎的购物拱廊和都市漫游者，还适用于1889年的巴黎国际展——香格纳展览会和上海双年展，乃至世博会的前身。可叹的是，巴黎国际展现在已经沦为欧洲帝国炫耀技术的场所。

当然，在本杰明看来，这条19世纪的巴黎通道与20世纪的革命密不可分，正如莫斯科的布雷希特史诗剧场和特列季亚科夫美术馆一样。在俄国革命的重大背景下，我们找到了这段简史的第二个重要时刻，它与贾樟柯的上海传奇十分接近：影院时刻——1929年上映的维尔托夫的电影《带摄像机的人》。这部伟大的电影探索了城市与影院之间的新关系，即戈达格（法国导演）所说的“展现突变时刻”。这部无声电影没有演员也没有剧场，在纪录片和虚构作品、影院和战争中穿梭。导演维尔托夫以此创造了一种新影像。通过编辑的间隔，摄像机会停下来，成为主观意识乃至现象意识的替代品，通过机械化、传递和运动来寻找新关系，以不确定性和新活力呈现出不断变化类似于柏格森主义的世界。通过这些蒙太奇和错位并列式的新视野，维尔托夫的友人埃尔·利西斯基将新的艺术形式带到了工业展览设计之中，在20世纪30年代创造了与美国的泰勒科学管理主义相对的“影院展厅”。但是这种全新的革命城市视角在美国和俄罗斯的命运远比维尔托夫所预期的要复杂的多。

这个革命性时刻的新视角卷入了机械化战争和强国对抗，还未被消费服务经济所吸收。而消费服务经济将与美国冷战期间所提出的“军事娱乐教育综合体”概念中的信息机器和认知劳动共同发展。在二战之前困惑瓦尔特·本杰明已久的问题——革命还是假相？商品化还是彻底解放？——将在“军事娱乐教育综合体”中变化，造成当代历史视野乃至上海时代进退两难的局面。但是我们现在已经无法回到巴黎、莫斯科乃至纽约，反而需要以全新的方式来对它们进行回顾，如何开发出敏锐的视角，又能与谁合作，为谁服务呢？除了通过研究“现代”诞生的未知背景和杂乱的蒙太奇画面——革命的重要时刻之外，我们还能创造出什么样的新视角、新通道和新时代感？

在新创意和新通道稀缺的时代背景下，这家低调的纽约建筑事务所正在上海的中心探寻一条走向当代新设计的道路。他们脚踏实地，在曲折的道路上探索那些未解决的现代设计难题，为设计的进步和传承做出自己的贡献。这座全新的客运中心在神秘的历史长河中前进，改变了地域审美的风向，成为了大时代中的一条小小的通道，既没有明确的比喻意义，又不仅仅是一种进步。它以自己的方式将城市的命运指向未知的节点。与历史上提出新问题和提倡新发现的通道一样，如果没有它们，历史就不会传承，更不会进步。

Introduction to the Terminal

上海港国际客运中心码头简介

安德鲁·麦克尼尔（Andrew MacNair）

弗兰克·雷帕什设计的这个项目像美国科罗拉多大峡谷一样。从曼哈顿前往大峡谷，你需要开好几天的车，然后到达无边无际的沙漠，将车停在炎热空旷的停车场，穿过成群的吃着冰淇淋的游客，独自一人沿着路标步行。突然，你的眼前豁然开朗，已经置身于大峡谷之中。

我们站在大峡谷的边缘眺望并惊叹。峡谷辽阔而深邃，拥有令人窒息的美。在天地和峡谷之间的陡峭边缘我们只能赞叹。

从曼哈顿来到大峡谷，我不自觉地将科罗拉多大峡谷看作是曼哈顿的对立面。在看过大峡谷之后，我开始觉得曼哈顿才是大峡谷的对立面。峡谷石壁上的巨大石块陡峭而突兀，就像是亚利桑那州地下峡谷的地上版本。

我将上海港国际客运中心码头看作是一个巨大的人造工程。它长1000米，宽800米，地下面积近58808平方米。客运中心是一个位于河岸和城市边缘的深坑。我将它看作一个峡谷，是绿地公园下方的地下空间。在这片绿毯的中央，一座蜿蜒的桥梁匍匐在地面，掀起了波浪，而西侧则点缀着一个由钢铁支架支撑的不对称水滴形结构（由玻璃和钢铁构成）。

客运中心项目不仅是一座建筑、一个景观、一座线形城市，而是以上三者的结合体，是独一无二的城市设计。地下的峡谷是乘客、车辆、公交和轮船到达和离开的交通枢纽。它像一个嵌入水平面以下的城市航船。它的内部是支撑着公园和玻璃水滴的立柱和墙壁。这个空间空旷而坚固，因为它必须承载并传递压力。正是空间所承受的压力赋予了它生命。地下结构的所有表面都承受着压力。与大峡谷一样，这个狭长的地下结构在历史上有着举足轻重的作用。

Shanghai Port International Cruise Terminal

The Shanghai Port International Cruise Terminal

上海港国际客运中心码头

一座由众多人员参与的大型市政建筑如何能够满足诸多不确定的要求？它面临的挑战包括城市历史、城市法规、有限的地表面积、复杂的地质情况、光线、重力等。

上海港国际客运中心码头的构思起源于同一地点的两个公共需求。一方面，城市规划部门想要在市中心建造一个1000米长的滨水公园（配有林中空地）；另一方面，港口部门想要在同一地点建造一个能够停靠三座大型轮船的邮轮码头，以此确立上海作为21世纪港口城市的地位。

令人惊喜的解决方案：正如地块运动一样，一个上升，一个下降。客运中心成了公园地下的光亮结构，而公园则成了它的“绿色屋顶”。屋顶的承重可支持15米高的树林。

这一方案并没有经过正规的官方理论研究或调解协商，两个部门很快地达成了一致，让两个计划实现在同一个地点。

在传统城市设计中，公共领域和私人领域的交集形成了空间形态，二者通常呈现为拨款的主客体关系。现在，两个不同的公共部门在同一地点、同一时间塑造不同的空间。在城市中，一切皆有可能。

英国科学家贝尔纳提醒我们：欲望能变成必需品，而必需品也能变成欲望。从根本上讲，城市是众多欲望交织而成的构造物。当这些欲望被实体化，形成建筑之后，它们就变成了每个人的必需品。

（项目设计始于2004年；第一艘邮轮于2008年停靠；全部停靠口完成于2010年；公园于2012年投入使用）

（关于客运中心的详细设计和操作将在附录中进行讨论。2013年10月11日，瑞士洛桑市联邦理工学院的Complex Systems小组在上海与我们进行了探讨。在研讨会上，由马琳·勒鲁女士组织的35名学者对这个大型项目的城市交互作用进行了研究。）

上海港国际客运中心码头
东昌港
0m
500m

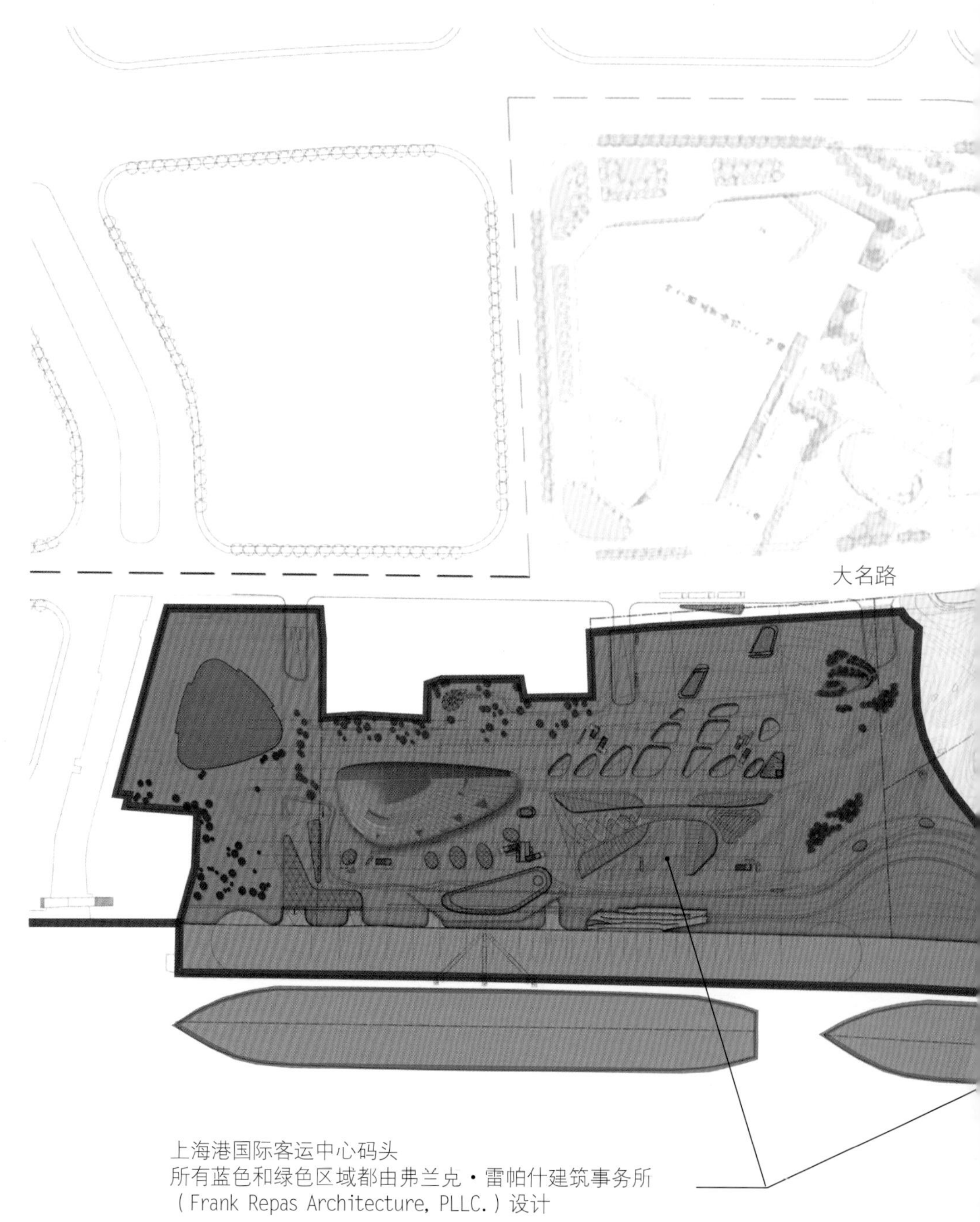

上海港国际客运中心码头
所有蓝色和绿色区域都由弗兰克·雷帕什建筑事务所（Frank Repas Architecture, PLLC.）设计

商业灰色区域
奥尔索普建筑事务所设计（Alsop Architects）

弗兰克·雷帕什建筑事务所（Frank Repas Architecture, PLLC.）
设计的大名路街道墙

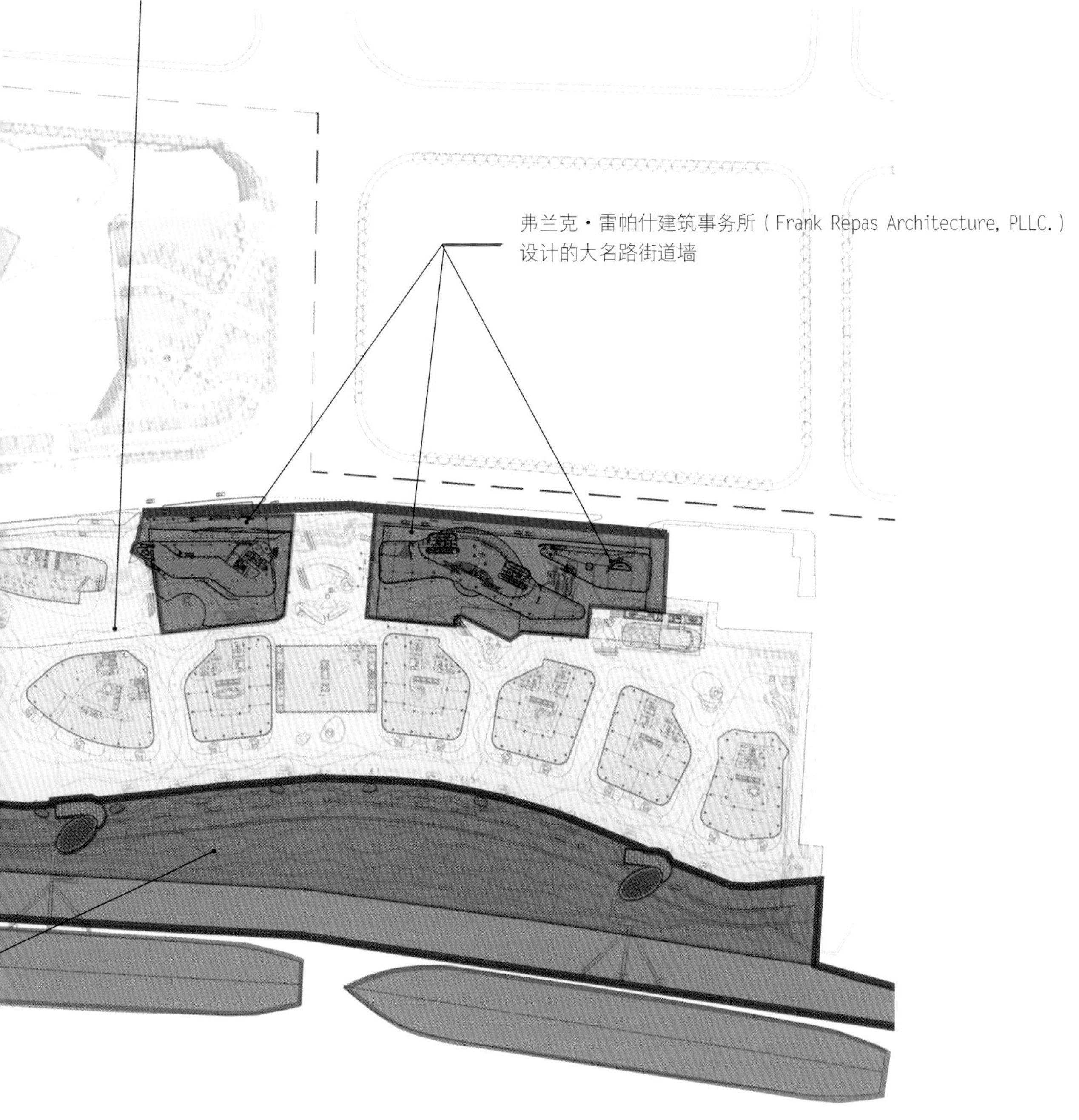

设计原则：表面流动

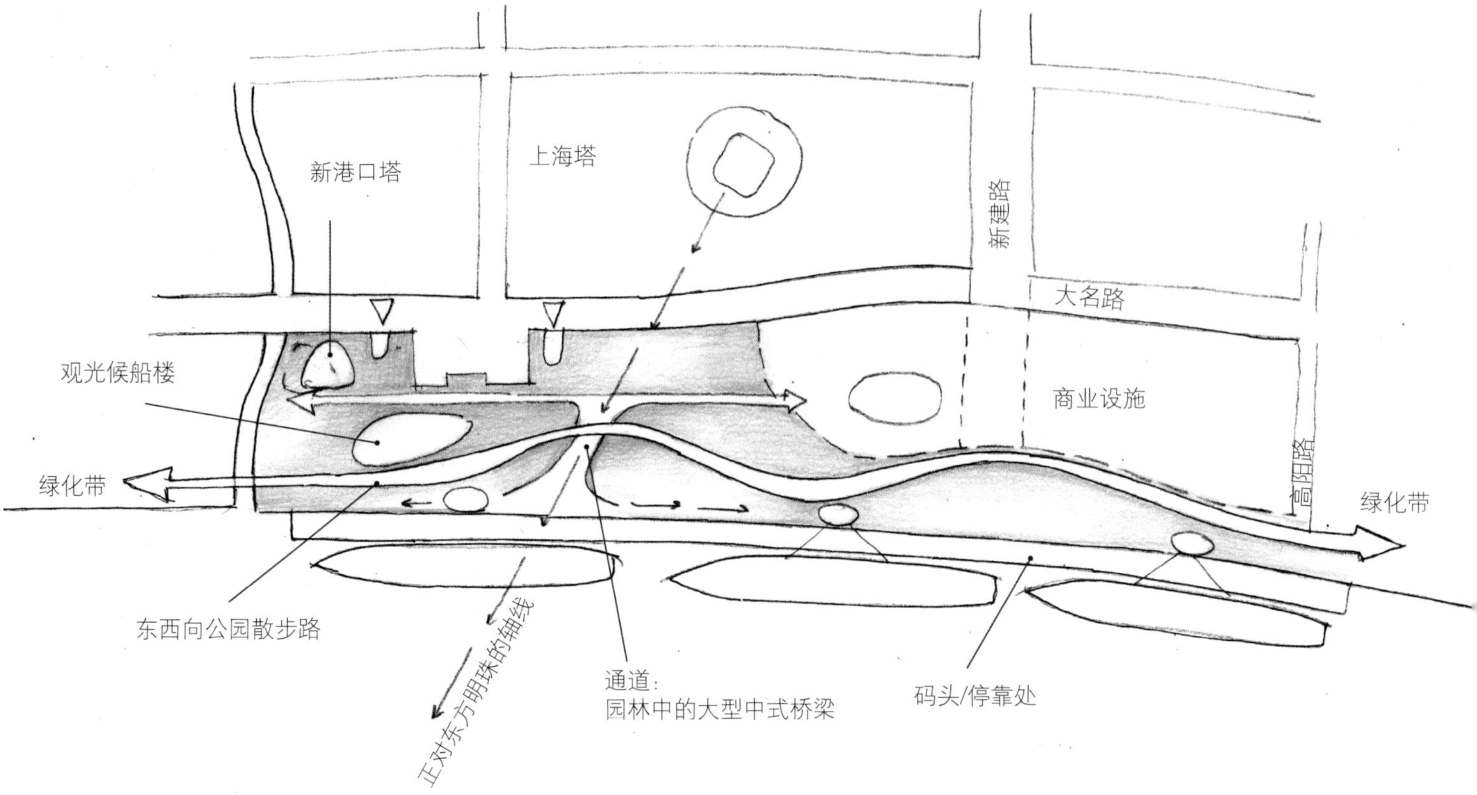

新港口塔
上海塔
新建路
大名路
观光候船楼
商业设施
绿化带
高阳路
绿化带
东西向公园散步路
正对东方明珠的轴线
通道：
园林中的大型中式桥梁
码头/停靠处

设计原则：桥梁从室外借用高度

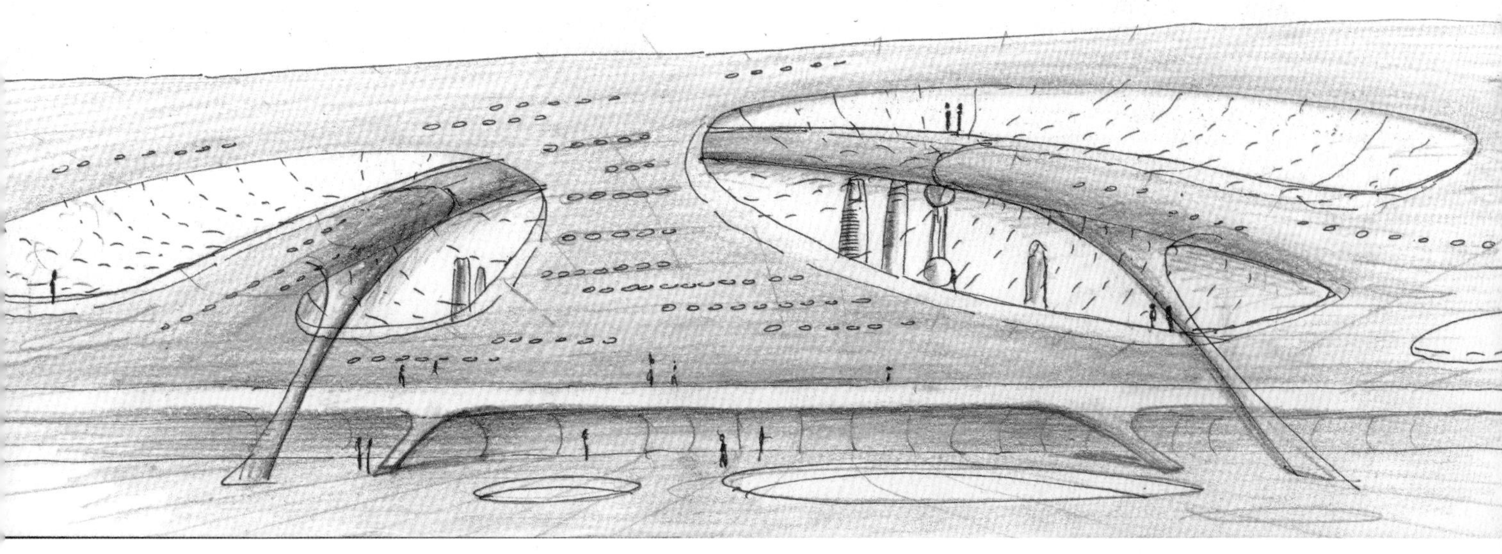

桥梁从室外借用高度

上图和下图：概念草图

设计原则：公园通道正对东方明珠

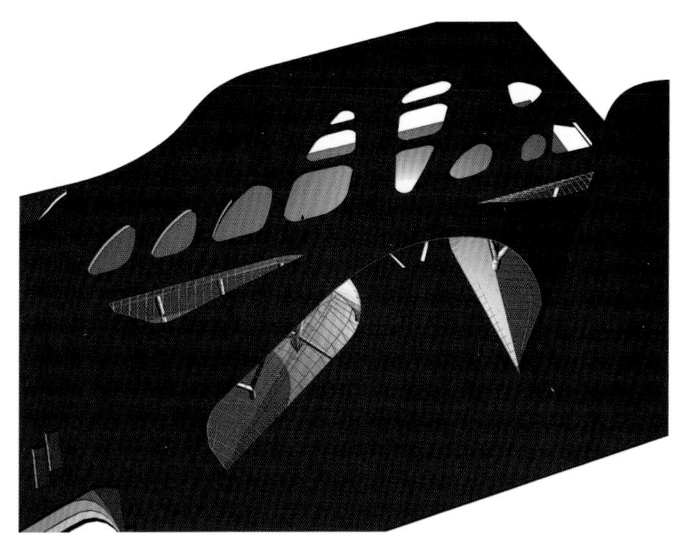

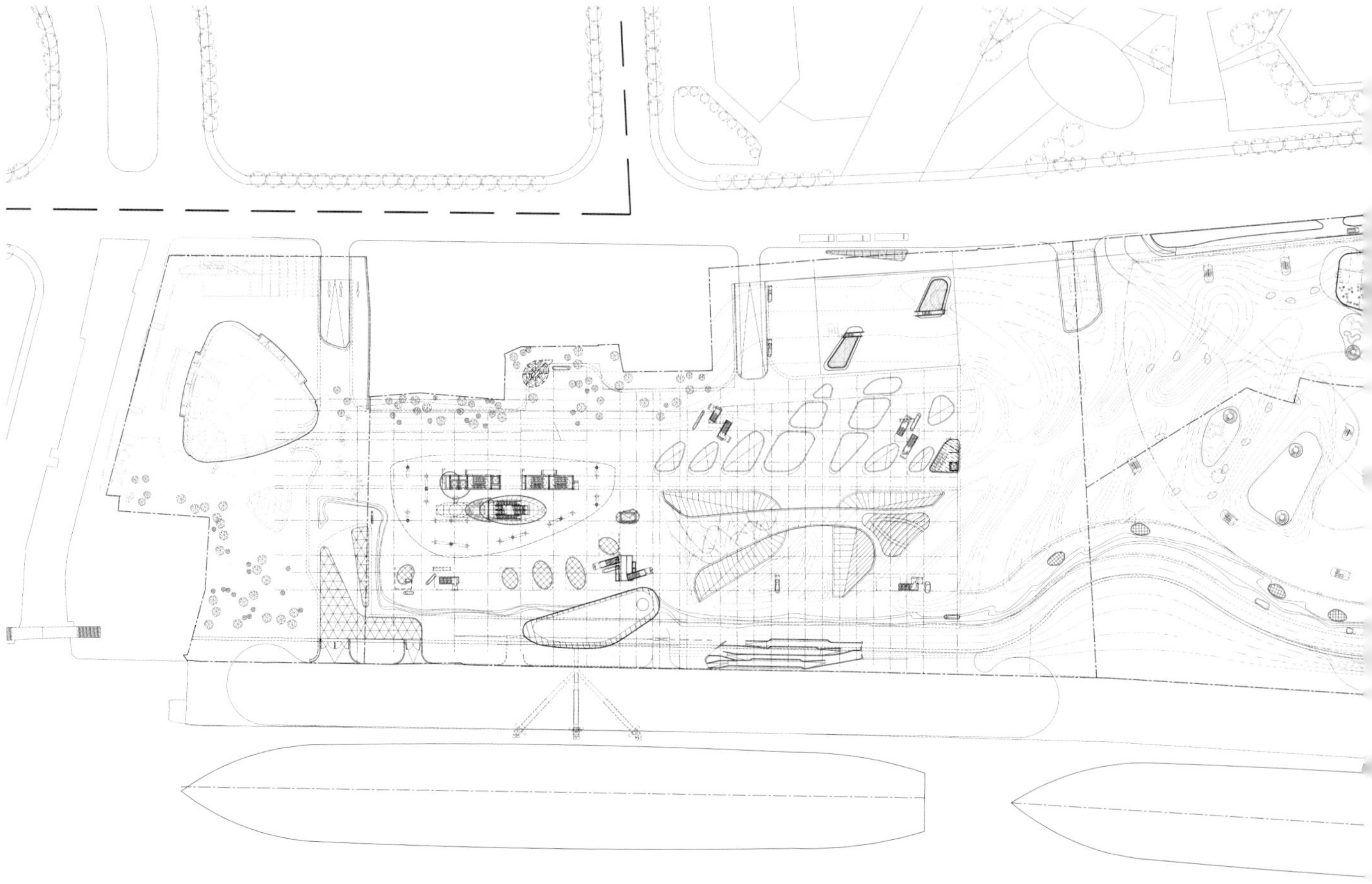

上图：总平面图

下图：场地实景

SIPG

下图：从码头看向下游

前两页摄影：Blackstation

下图：通往商业广场的公园小路

本页及下页摄影：Blackstation

Cruise Terminal Public Park Bridge/Atrium Structure

客运中心公园
桥梁/中庭结构

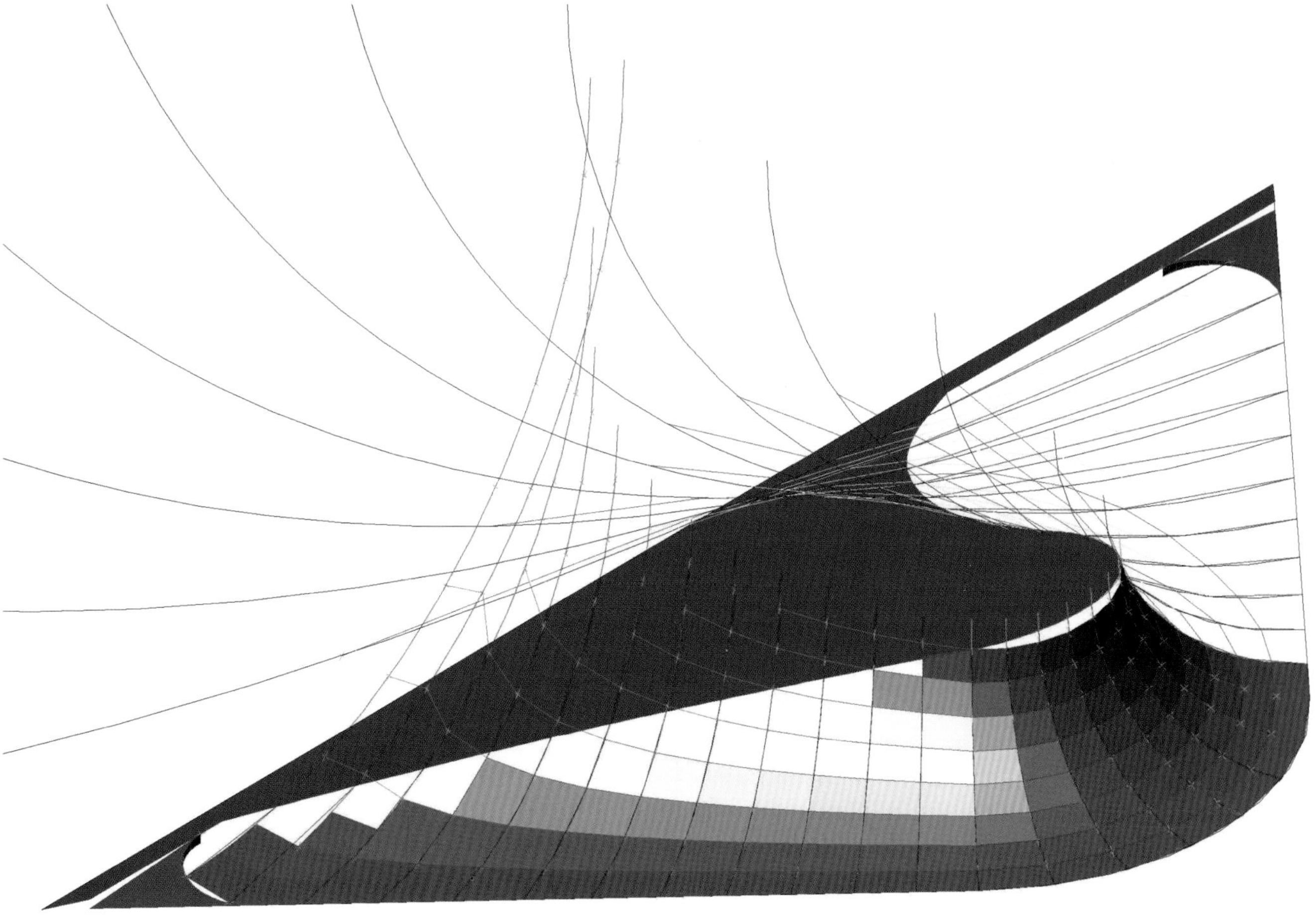

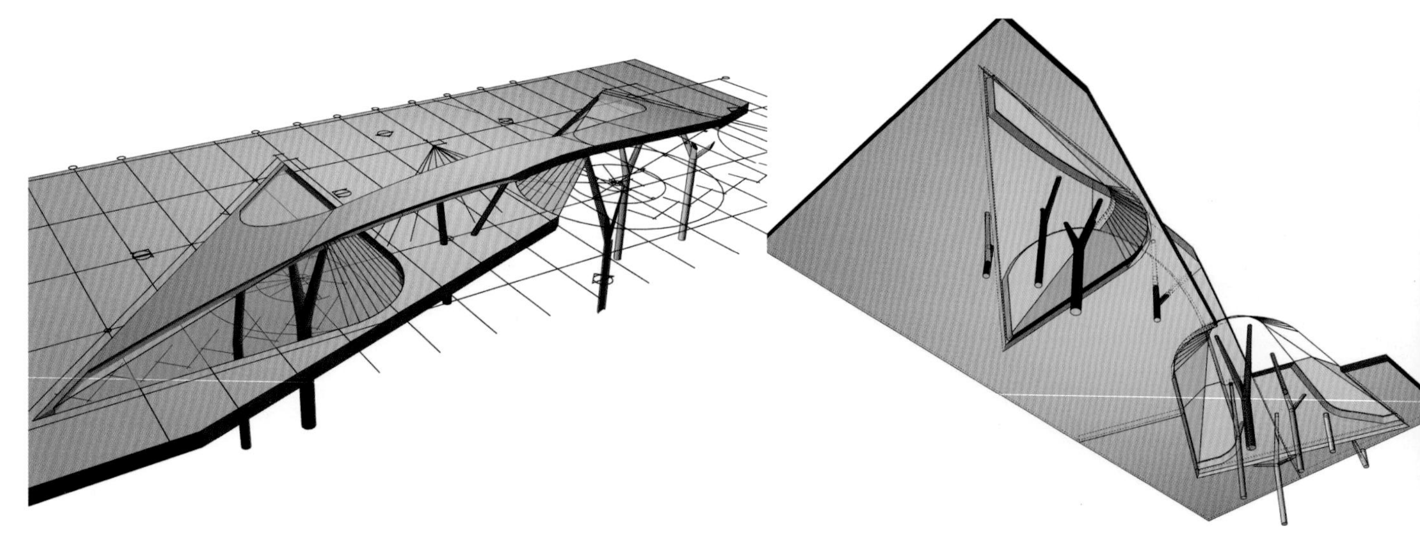

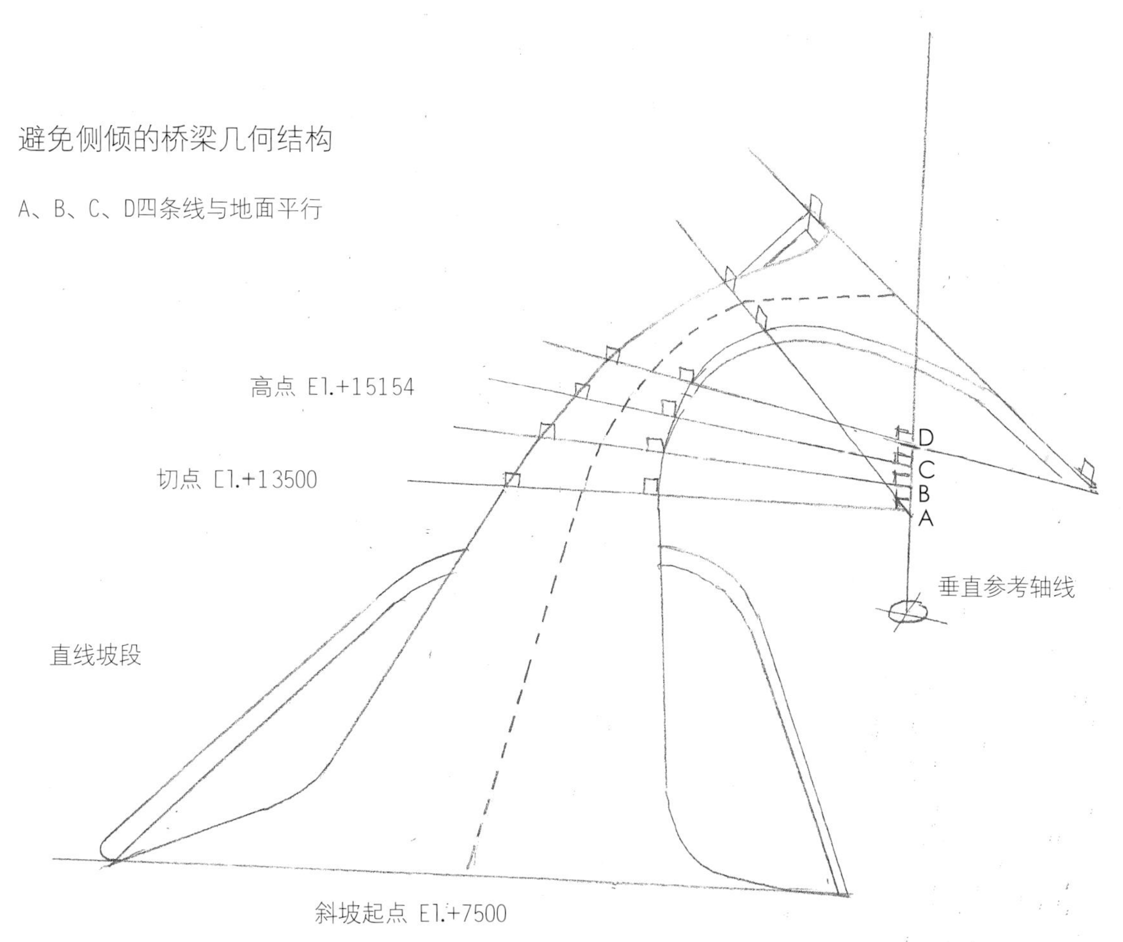
避免侧倾的桥梁几何结构
A、B、C、D四条线与地面平行
高点 El.+15154
切点 El.+13500
直线坡段
斜坡起点 El.+7500
D
C
B
A
垂直参考轴线

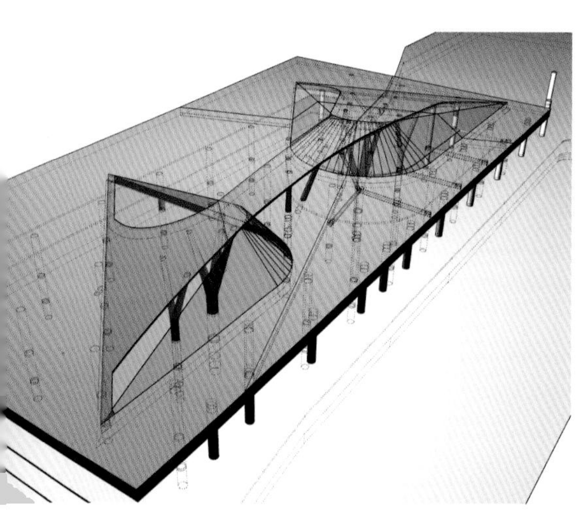

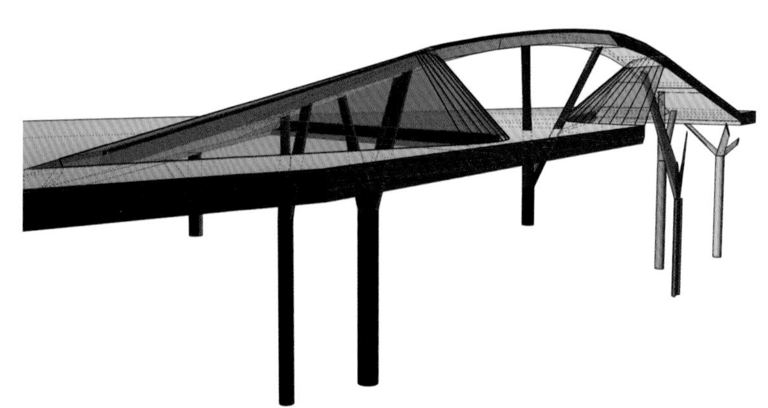

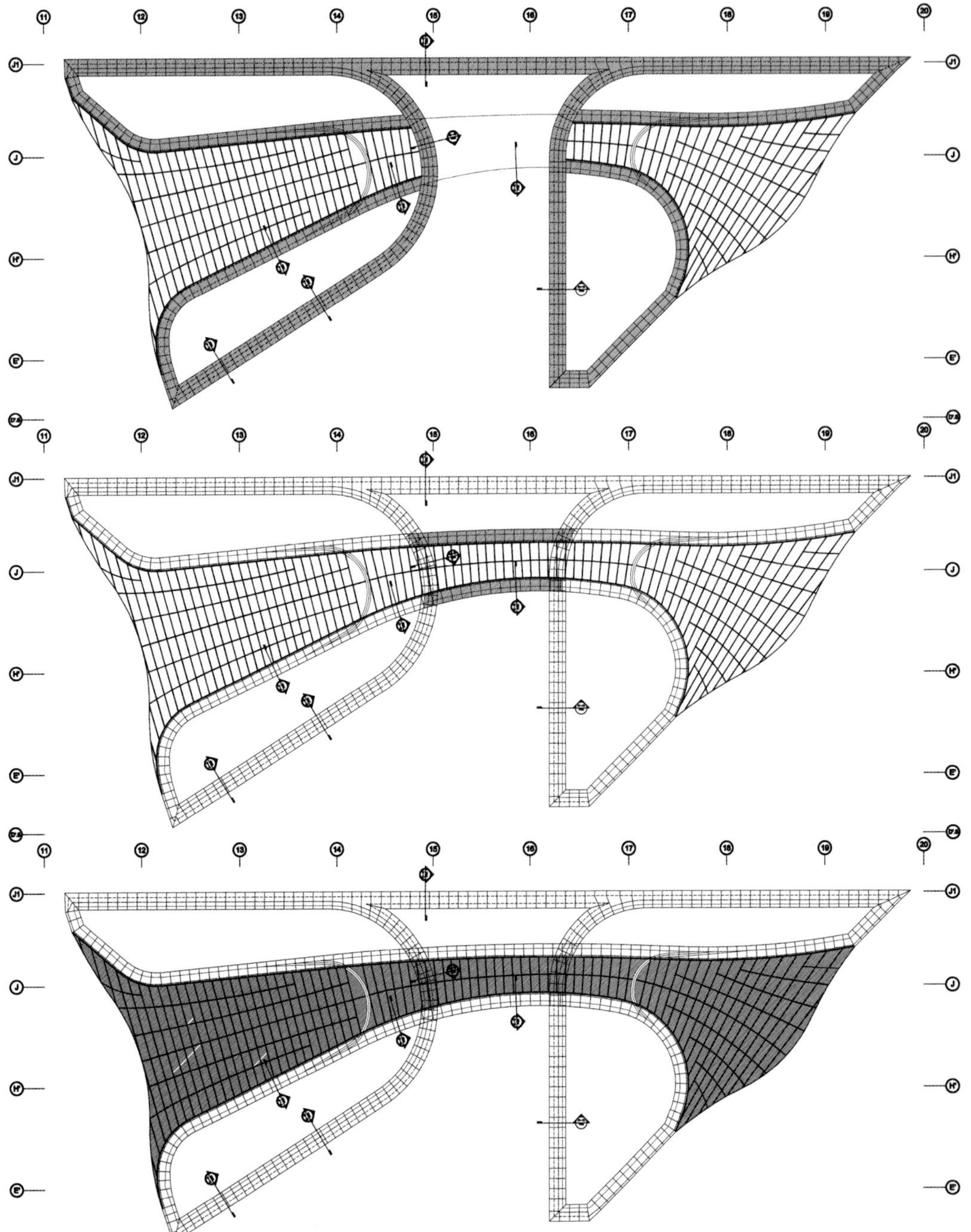

上图：桥梁夜景

下图：桥梁结构模型

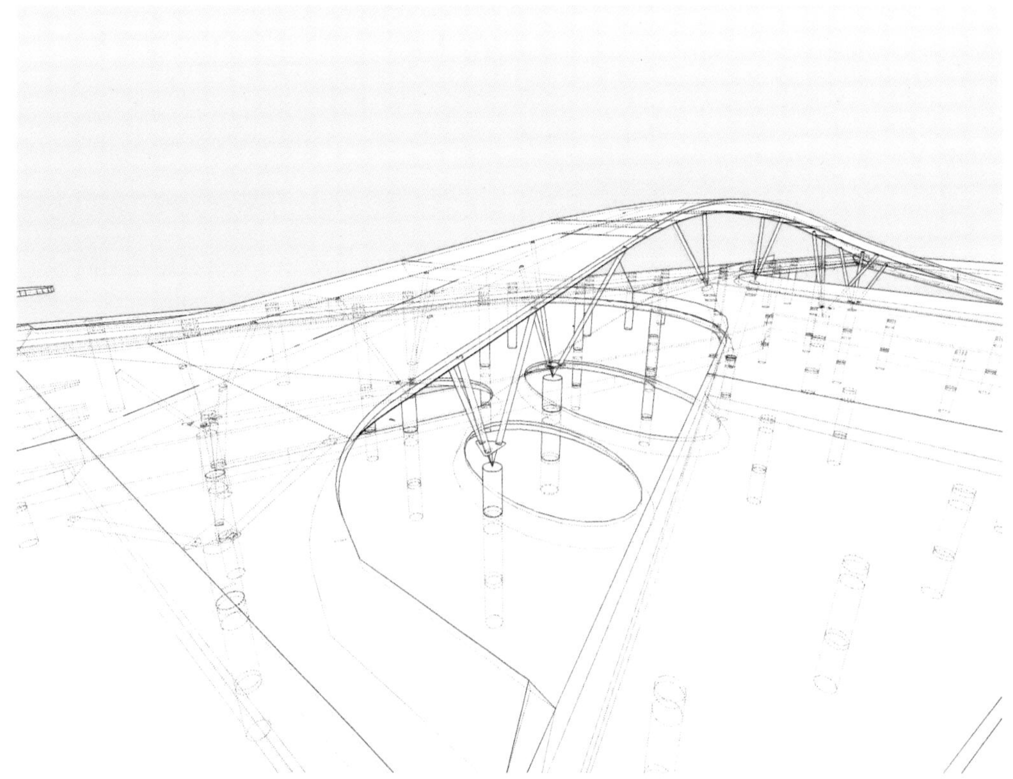

本页及下两页摄影：Antoine Duhamel

左图：从桥上向西看

上图：桥上剧场

下图：桥下天窗

下页：从桥上看向西北方向

下下页：从离港层看桥梁

邮轮让世博更精彩！BETTER CRUISE, BETTER EXPO

下图：码头屋顶/公园地面。上翻梁顶部 El. +7.000

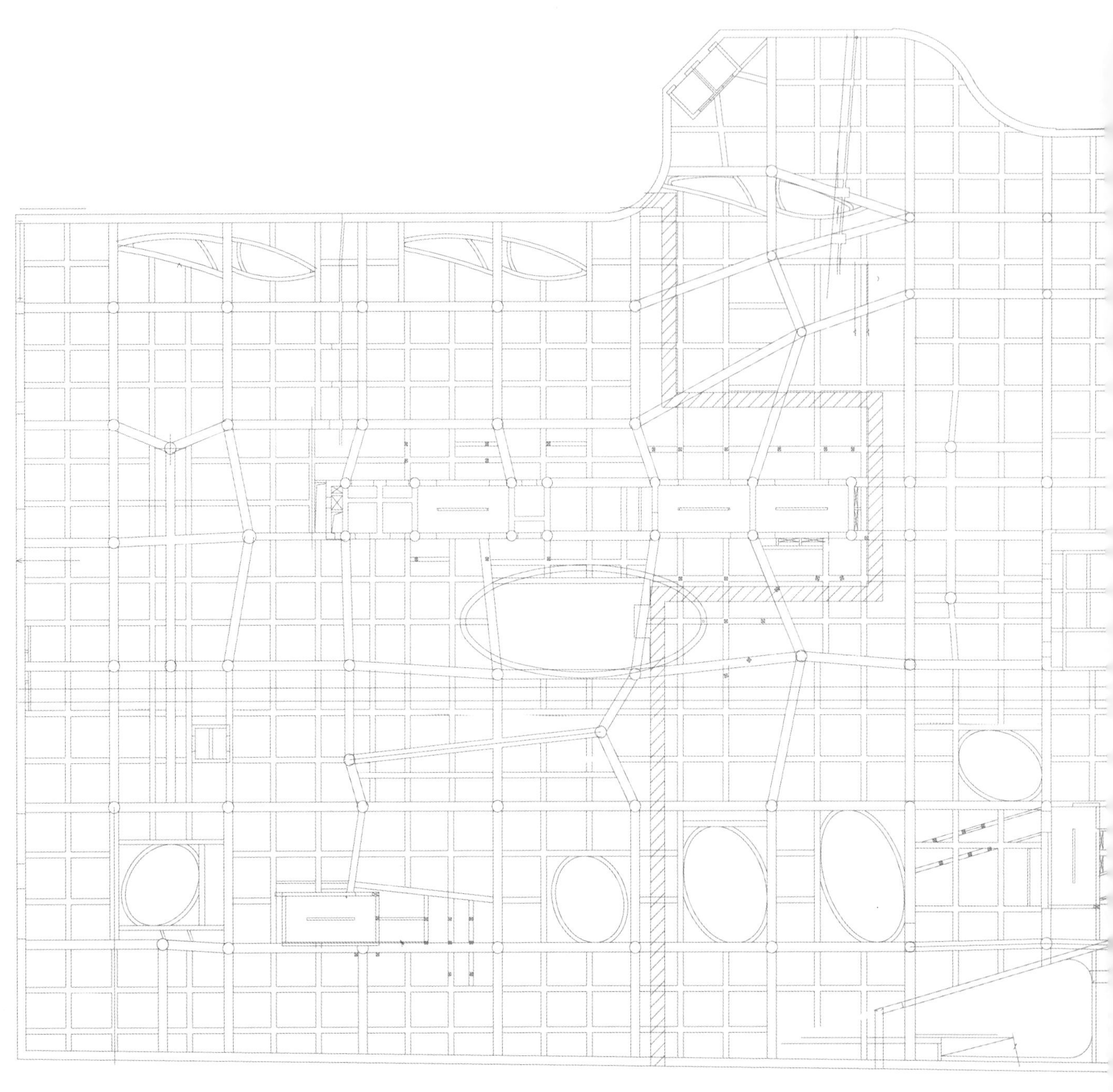

中庭南立面

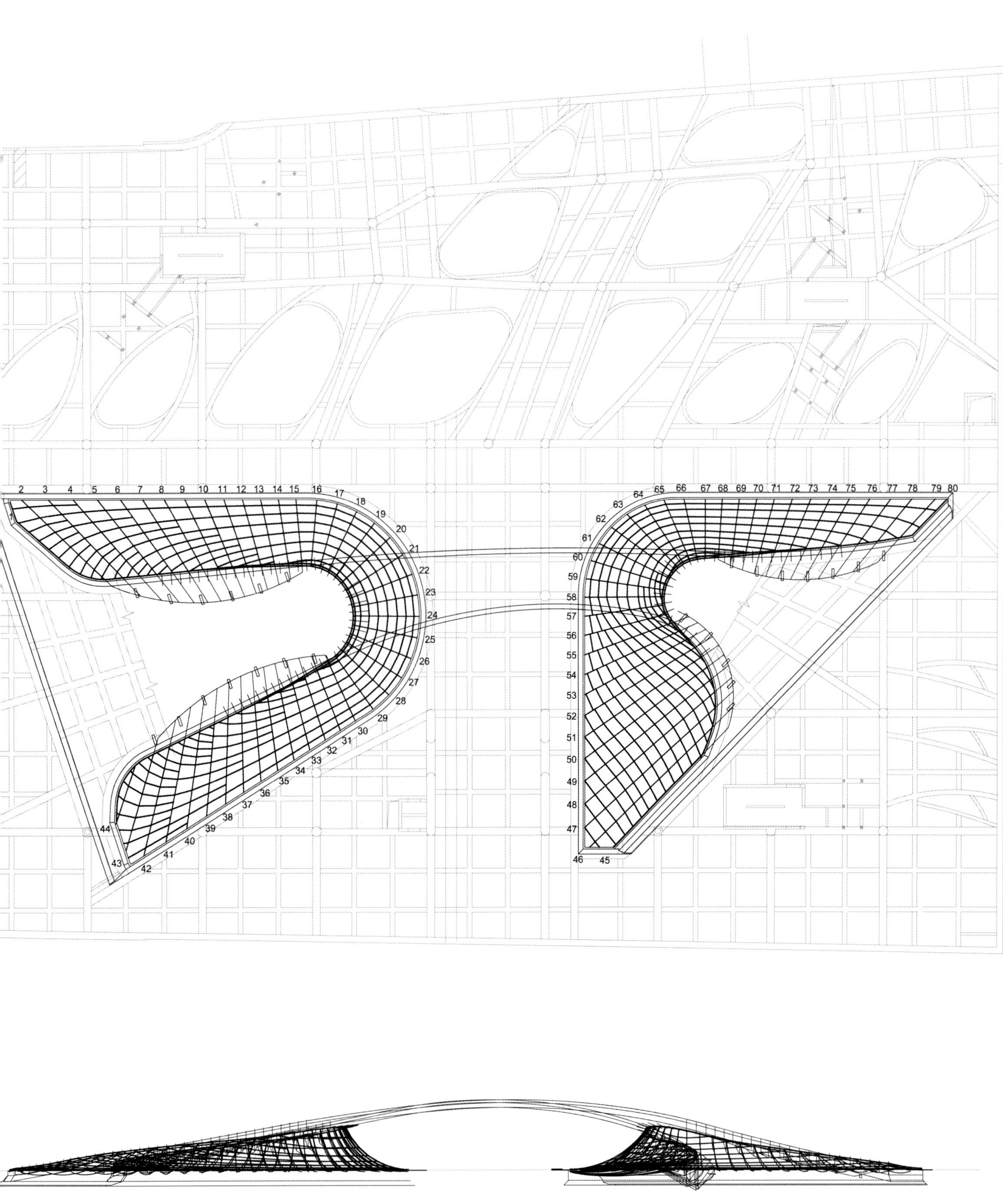
2 3 4 5 6 7 8 9 10 11 12 13 14 15 16 17 18 19 20 21 22 23 24 25 26 27 28 29 30 31 32 33 34 35 36 37 38 39 40 41 42 43 44
45 46 47 48 49 50 51 52 53 54 55 56 57 58 59 60 61 62 63 64 65 66 67 68 69 70 71 72 73 74 75 76 77 78 79 80

下图：离港层平面图 EL.+0.195

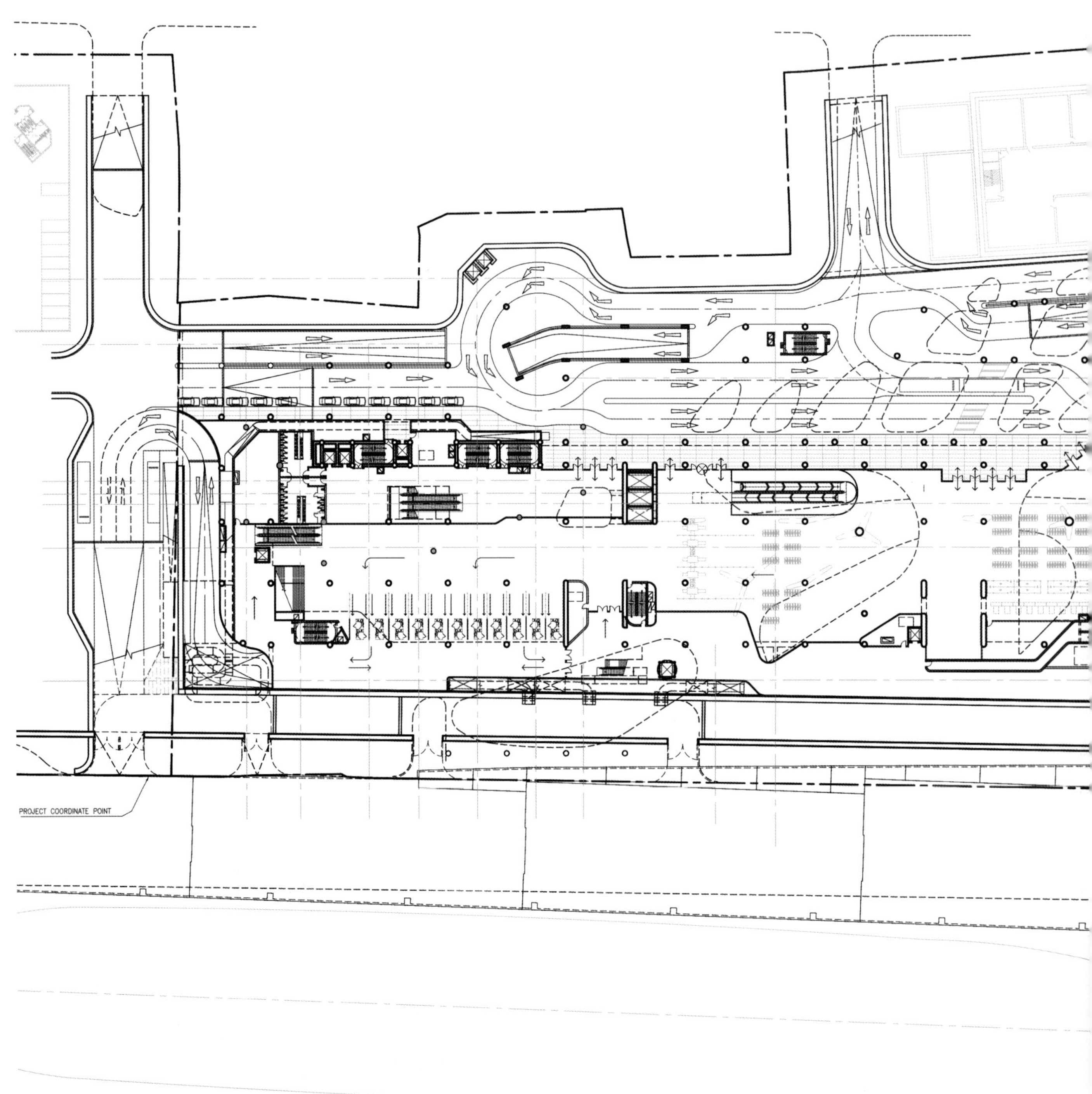

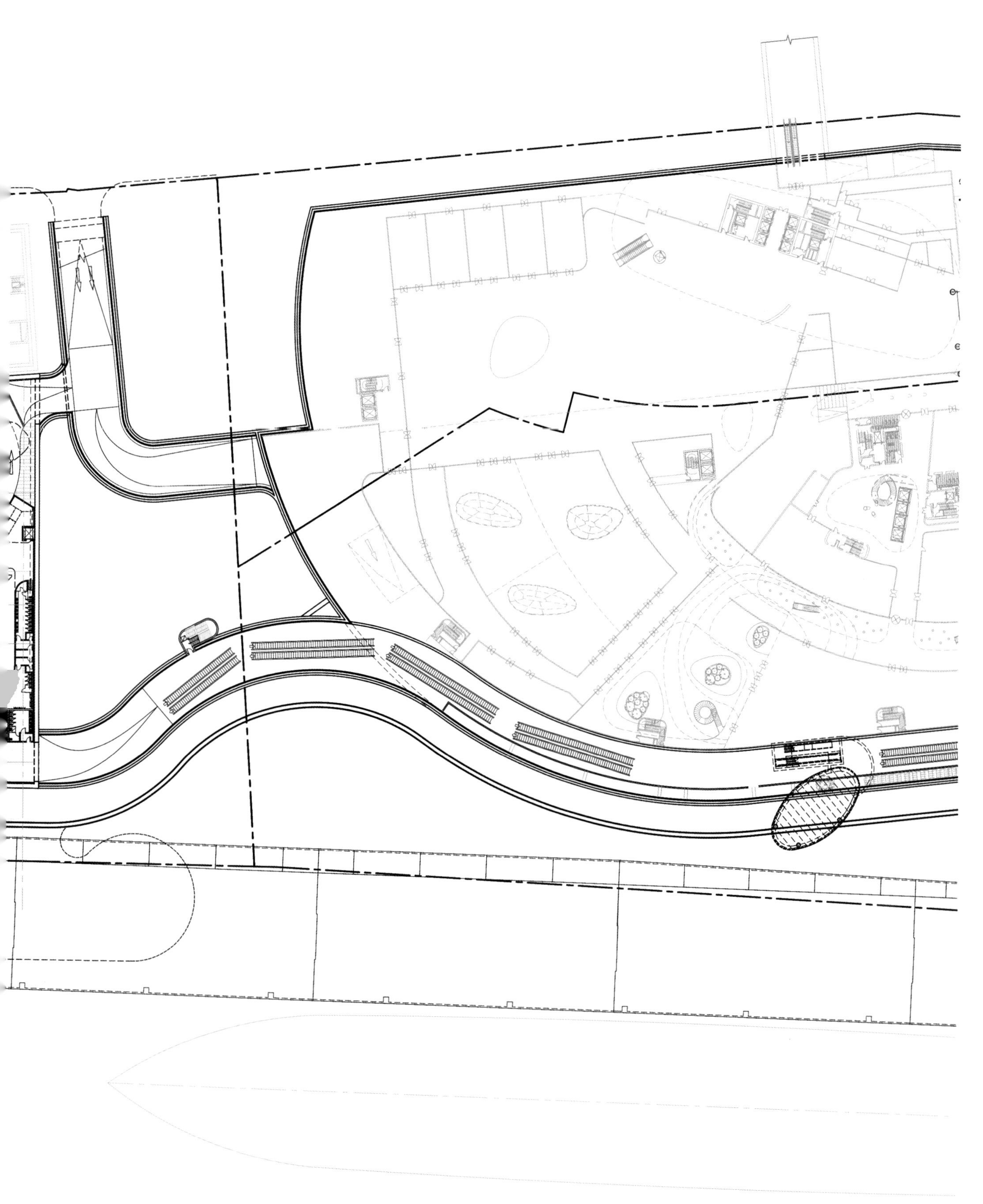

上图：中央层平面图 EL. +3.500

下图：到达层平面图EL. -4.000

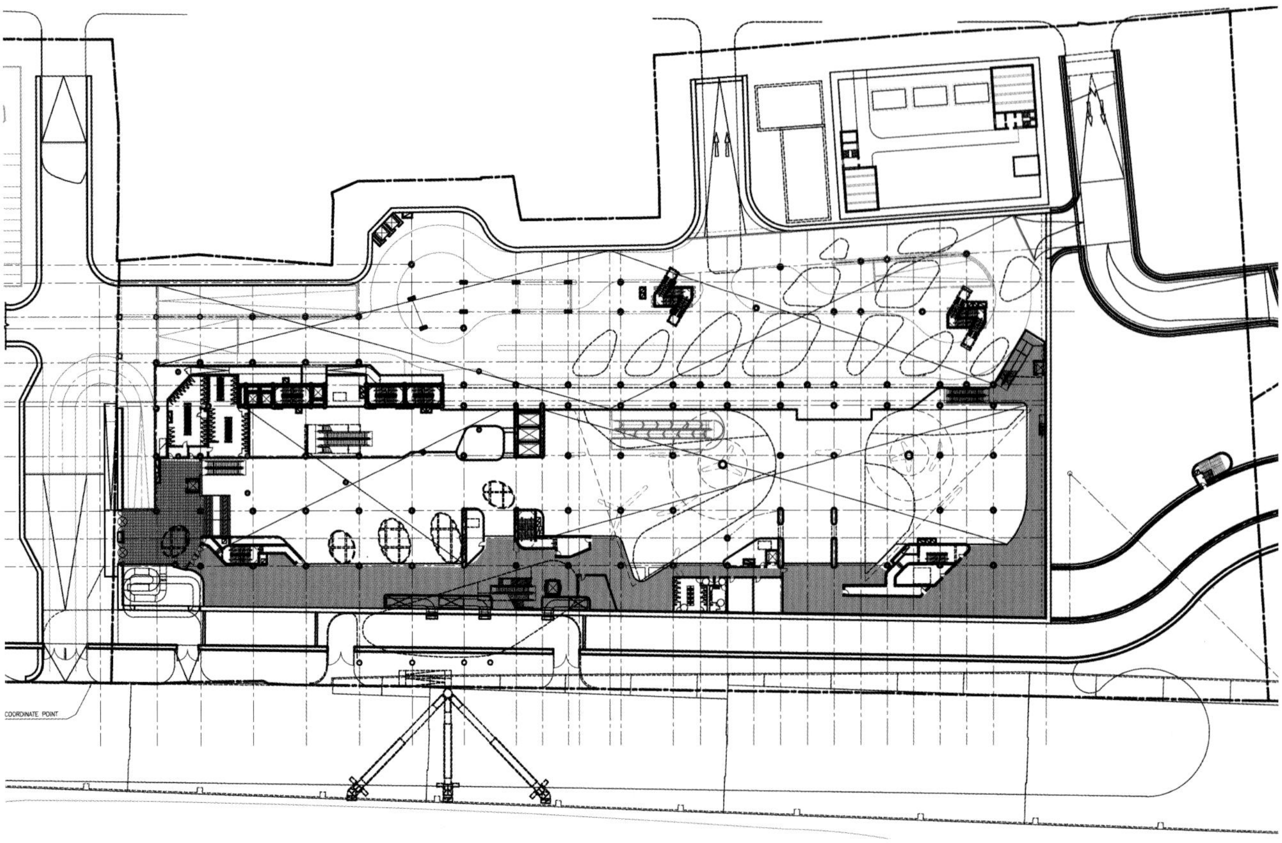

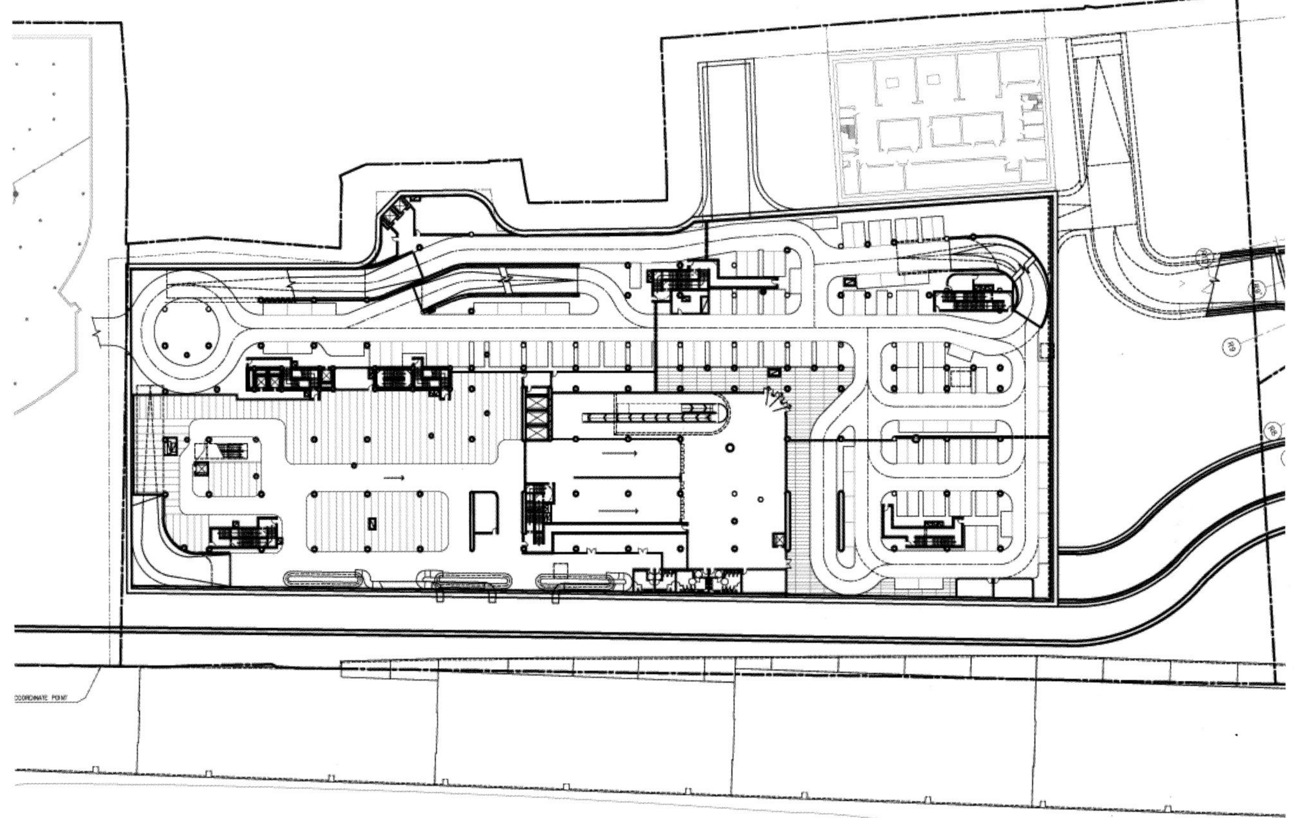

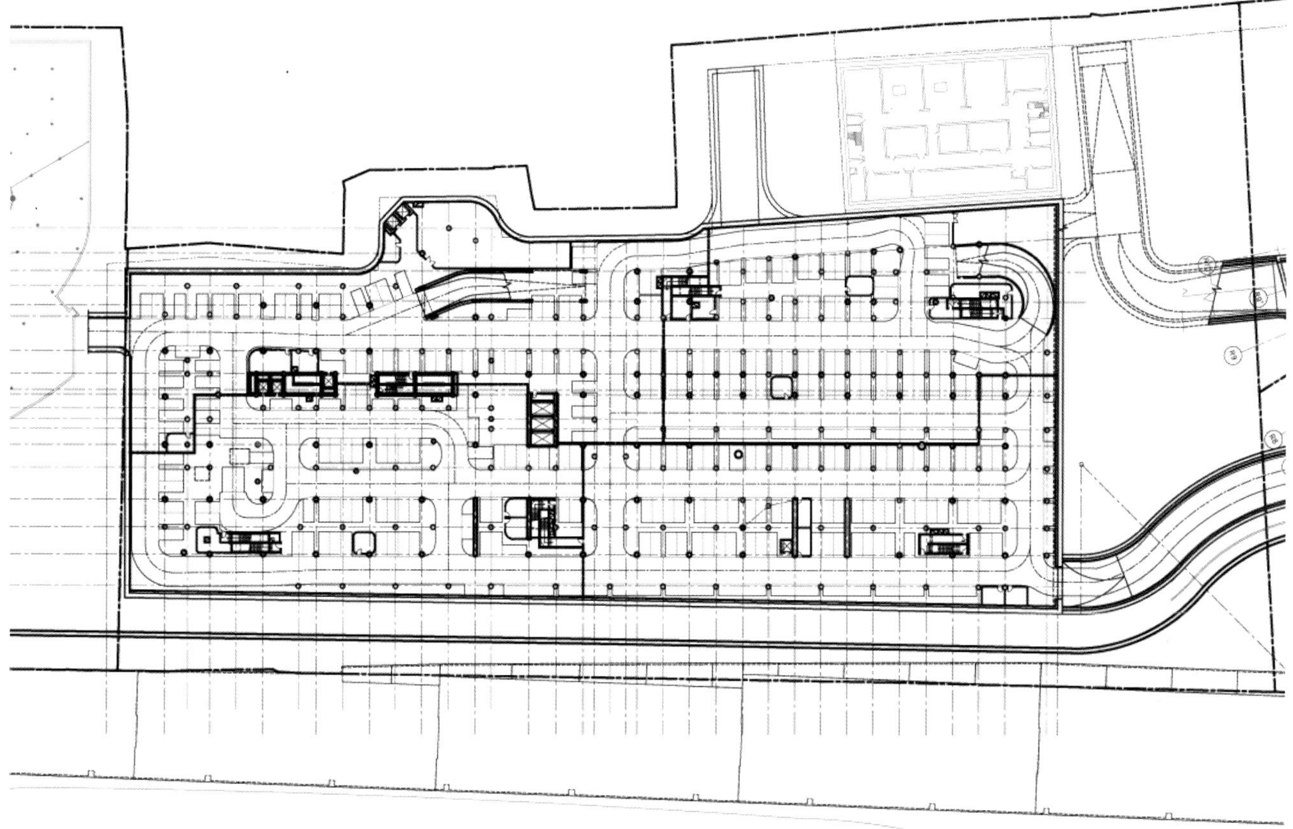

下图：客运中心日景

摄影：Blackstation

上图：朝南纵切面（靠近行李带纵切）

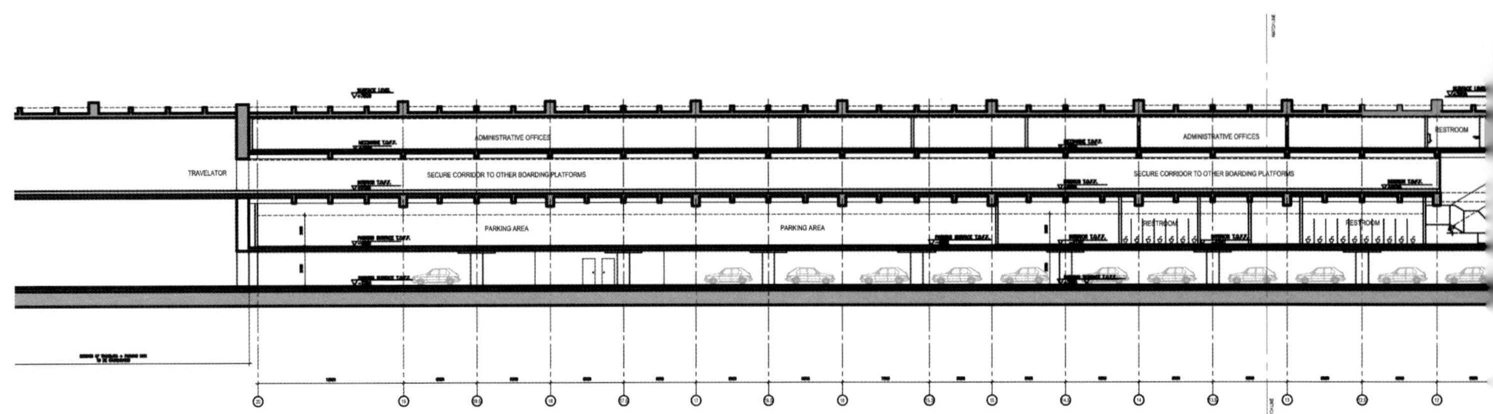

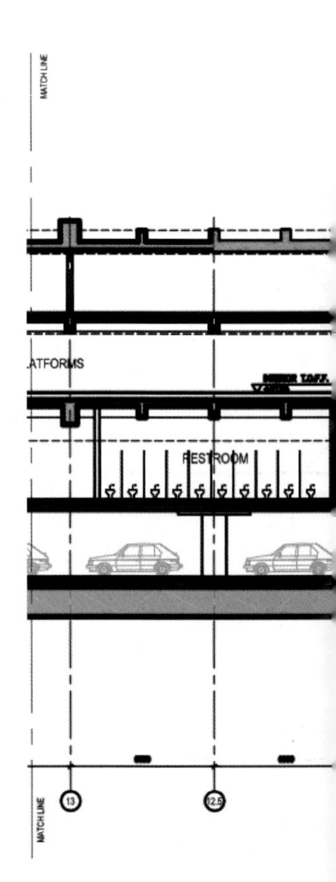

下图：放大详图

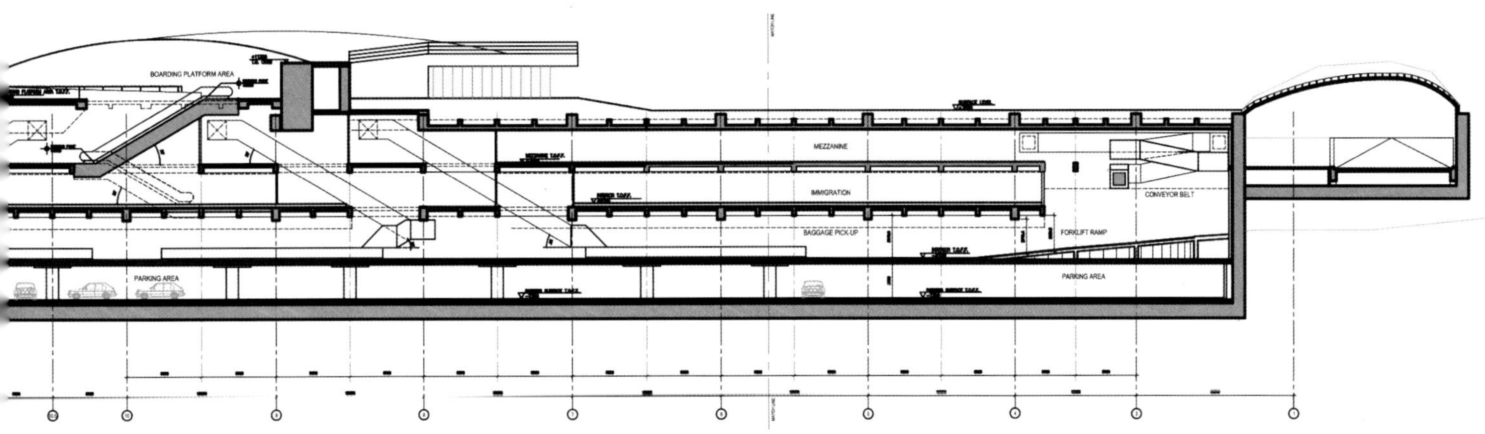

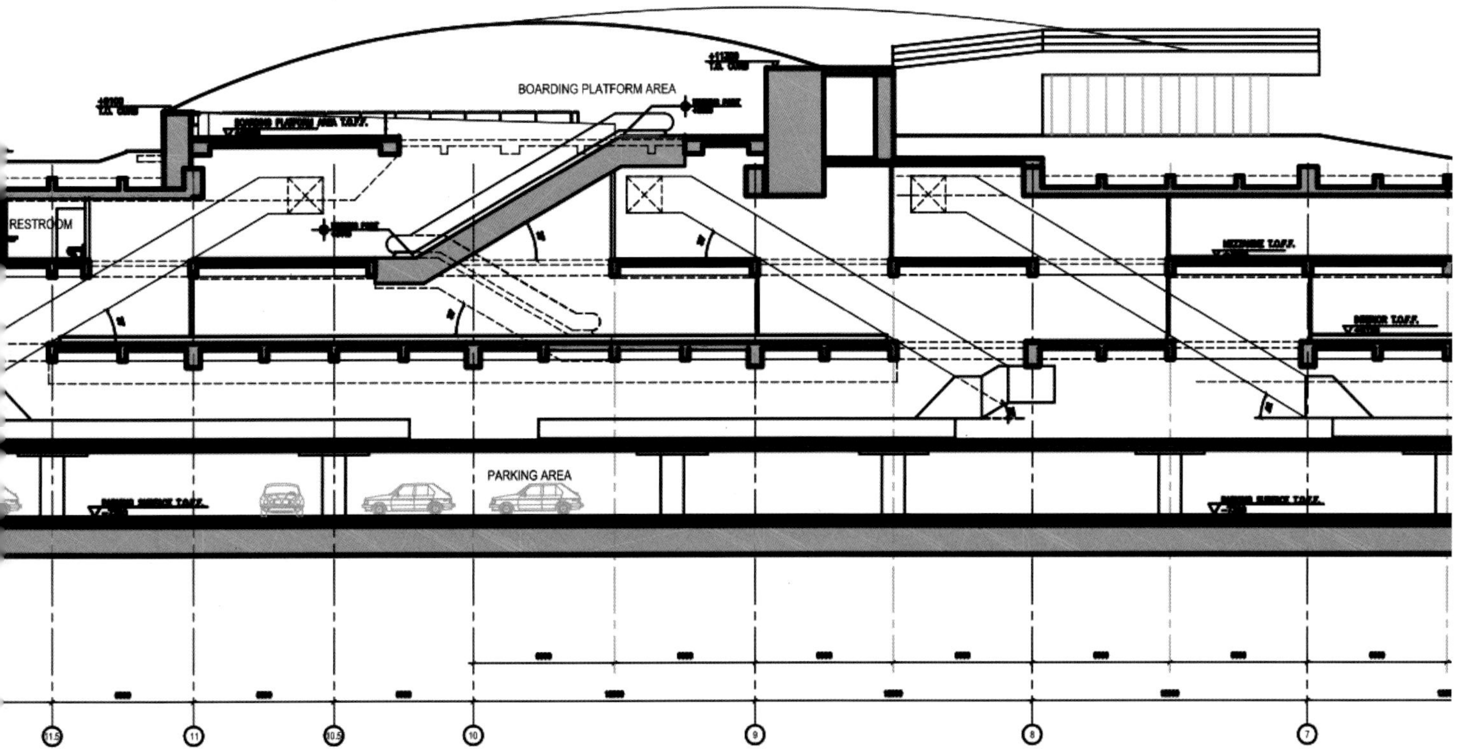

BOARDING PLATFORM AREA

RESTROOM

PARKING AREA

11.5 11 10.5 10 9 8 7

上图：沿桥朝北切面

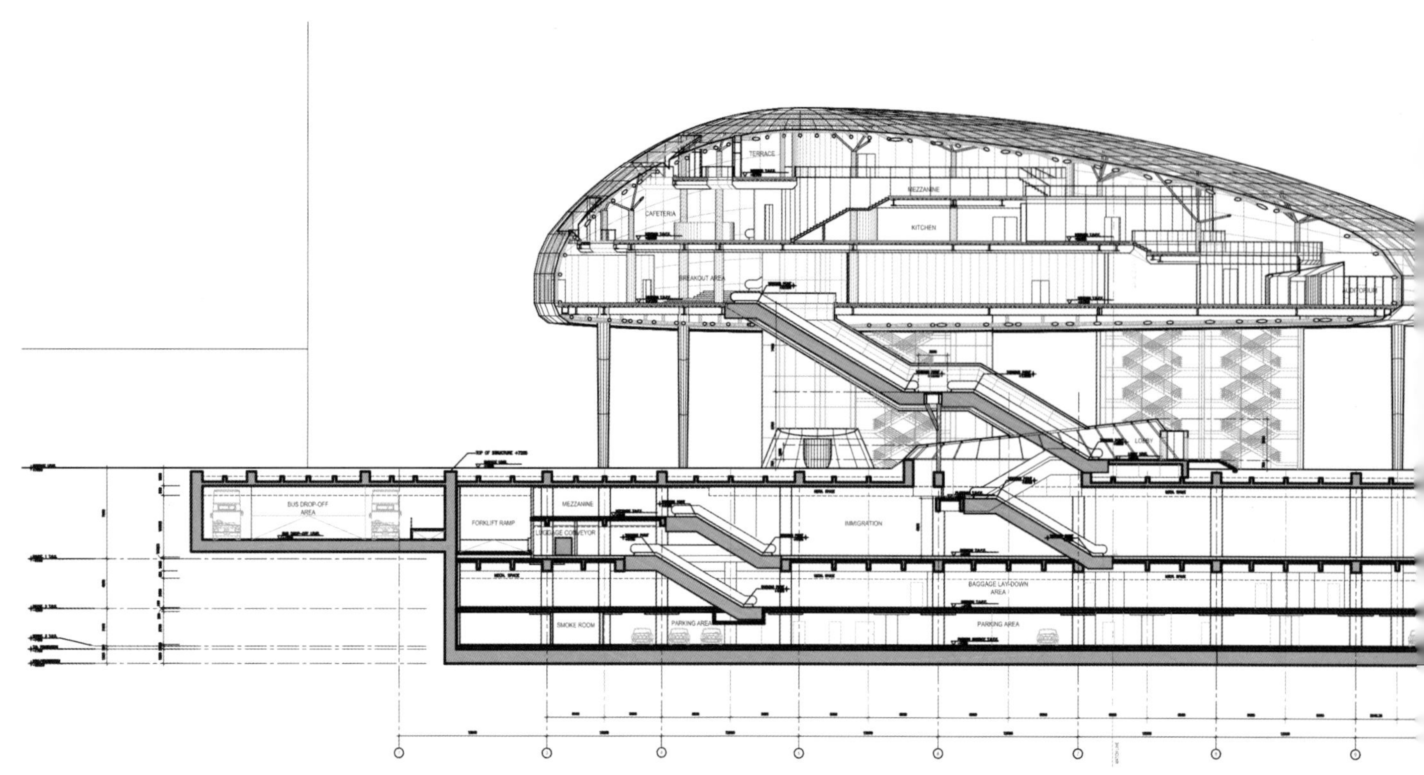

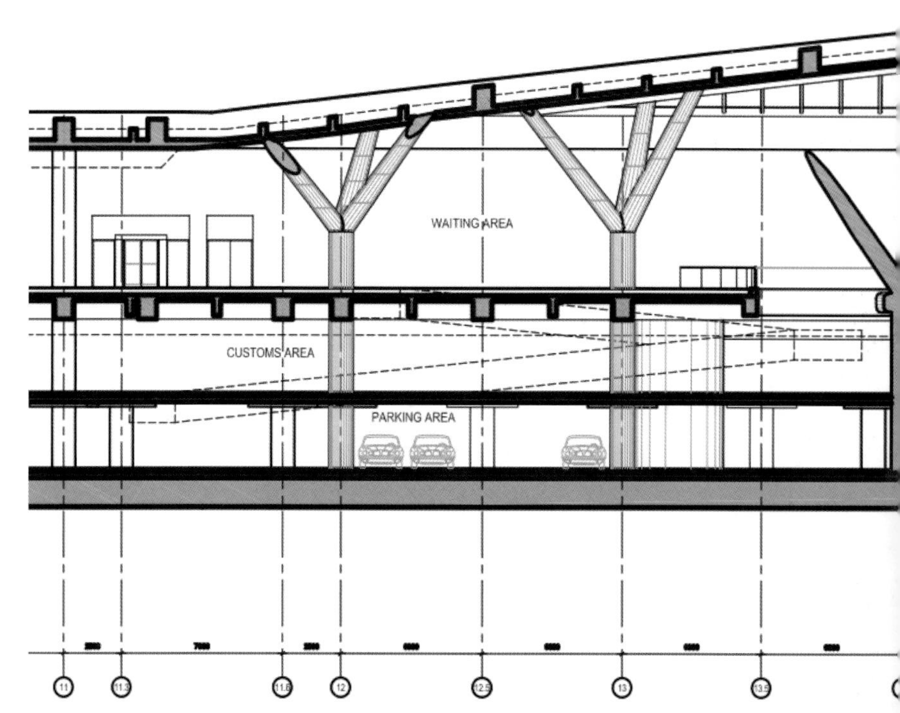
WAITING AREA
CUSTOMS AREA
PARKING AREA
11
11.3
11.8
12
12.5
13
13.5

WAITING AREA
CUSTOMS AREA
PARKING AREA
AUTO/ TAXI PICK-UP
PARKING AREA
TICKETING
TOILET

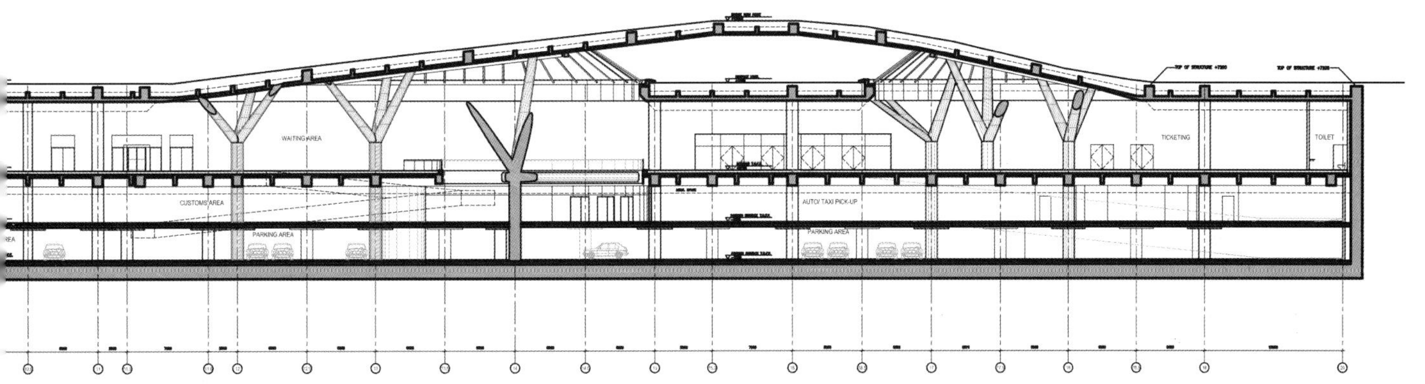

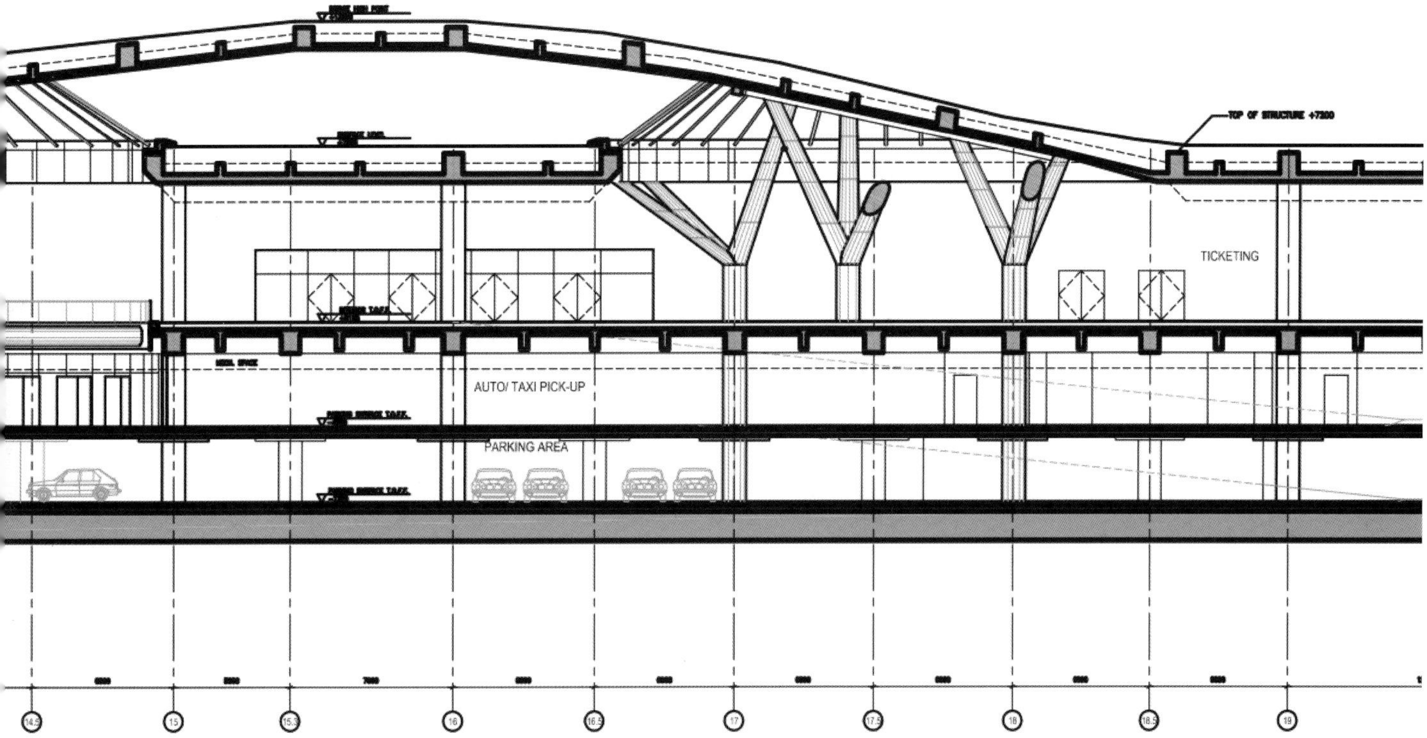

TOP OF STRUCTURE +7200
TICKETING
AUTO/ TAXI PICK-UP
PARKING AREA
14.5
15
15.5
16
16.5
17
17.5
18
18.5
19

下页摄影：Blackstation

下图：西侧桥梁天窗 摄影：Antoine Duhamel

下图：东侧桥梁天窗细部

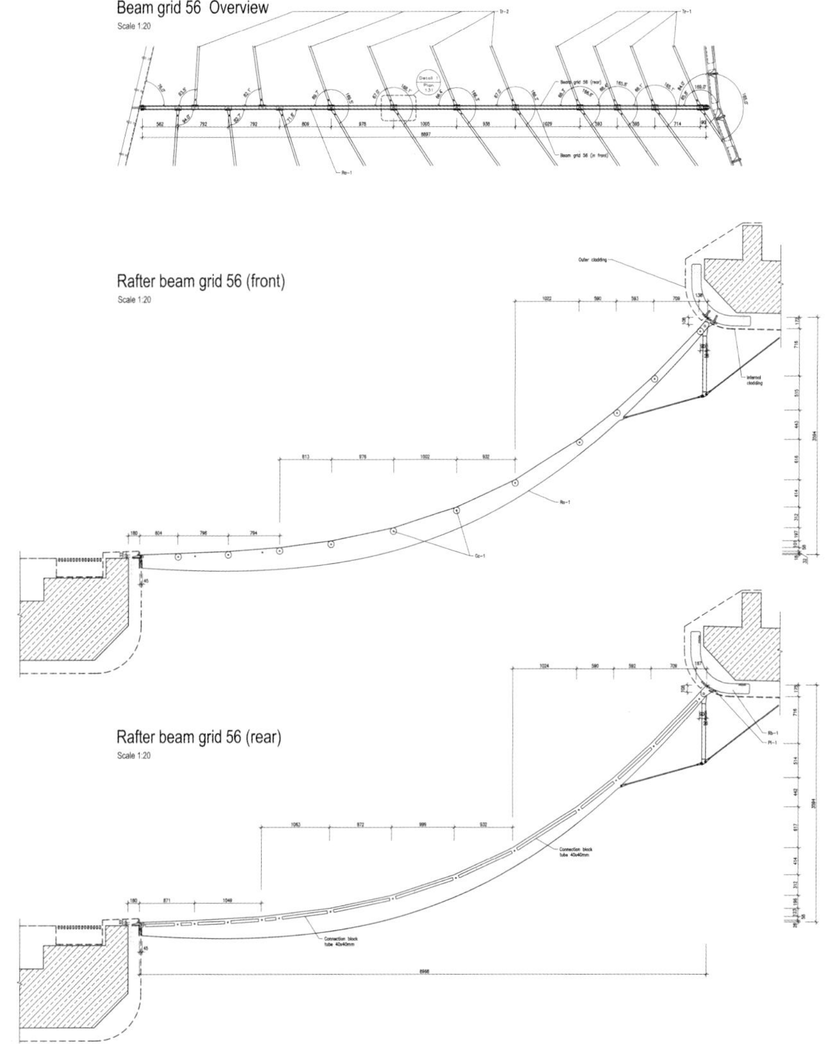
Beam grid 56 Overview
Scale 1:20
Rafter beam grid 56 (front)
Scale 1:20
Rafter beam grid 56 (rear)
Scale 1:20

摄影：Blackstation

下图：越过桥梁向南看邮轮

下图：西侧表面研究

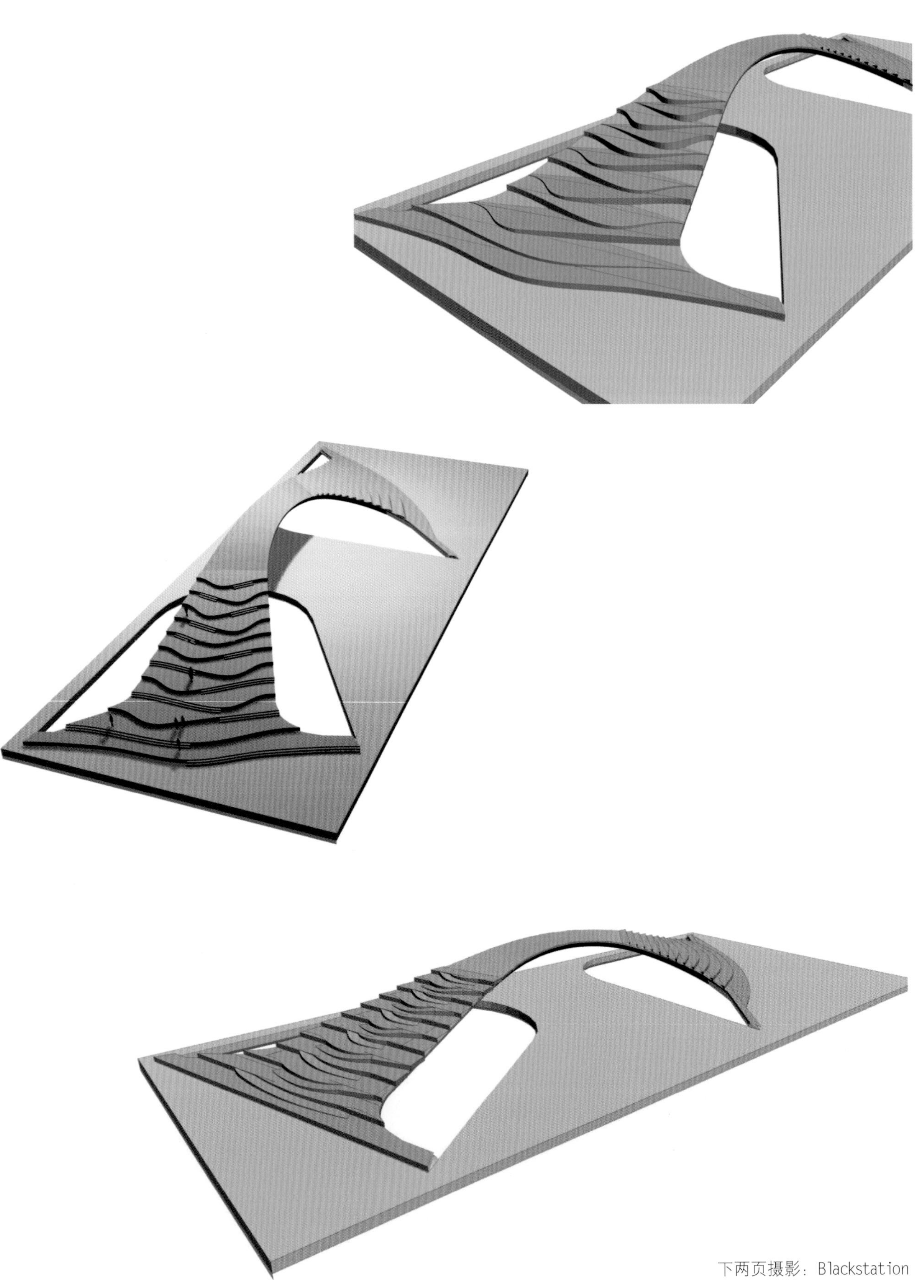

下两页摄影：Blackstation

下页：俯瞰桥梁天窗

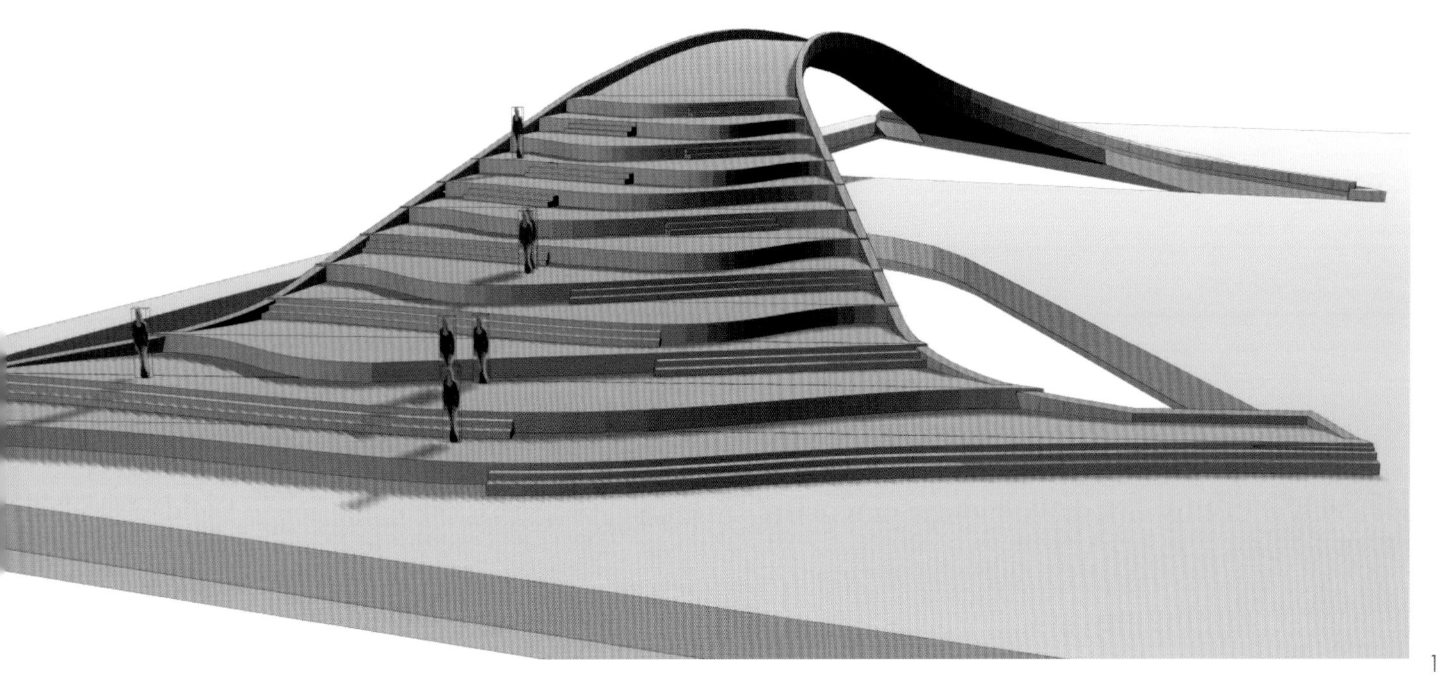

COSCO
Regent

Observation Bubble

观光候船楼

候船楼照明研究

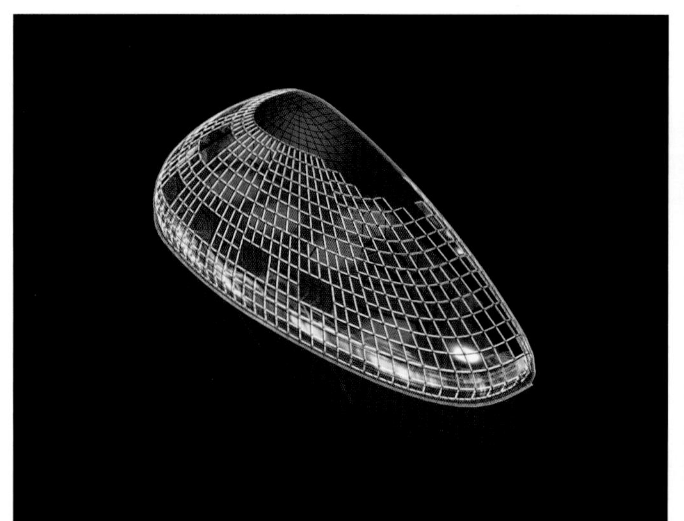

摄影：Blackstation

下图：从候船楼向东看

下图：候船楼西侧

摄影：Antoine Duhamel

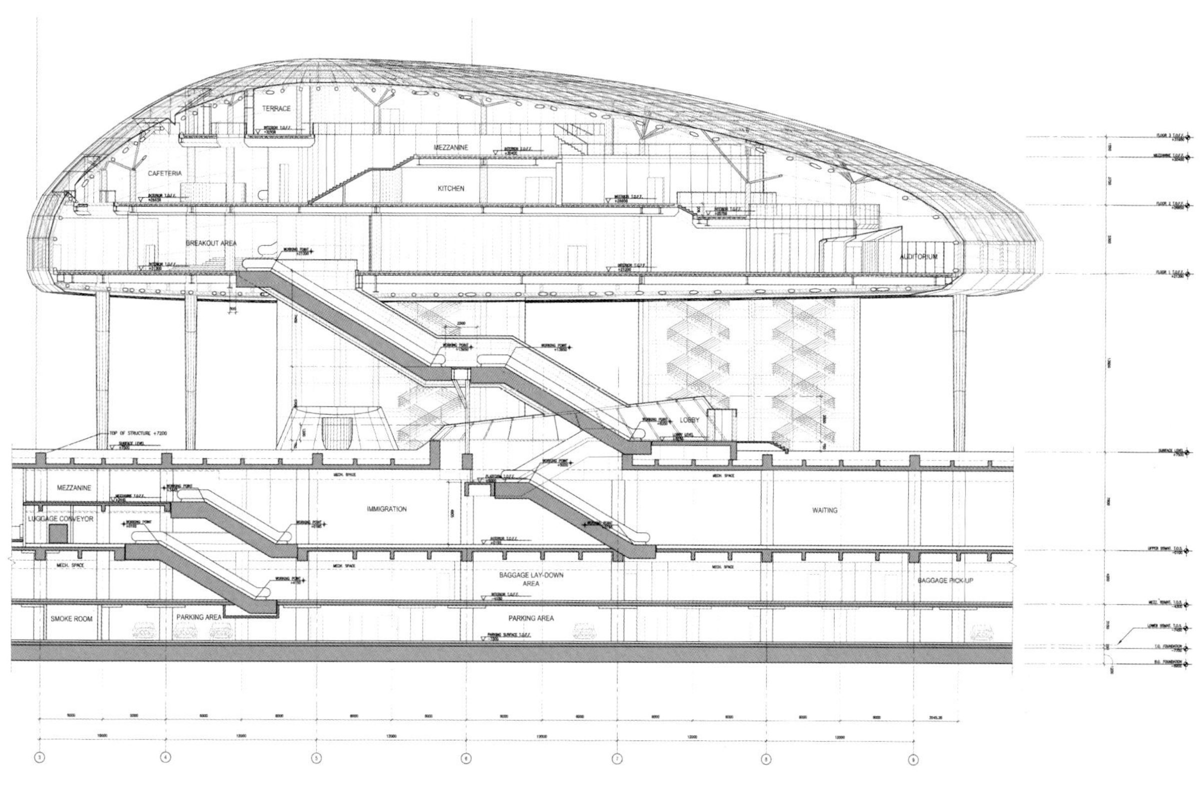
TERRACE
MEZZANINE
CAFETERIA
KITCHEN
BREAKOUT AREA
AUDITORIUM
LOBBY
MEZZANINE
LUGGAGE CONVEYOR
IMMIGRATION
WAITING
BAGGAGE LAY-DOWN AREA
BAGGAGE PICK-UP
SMOKE ROOM
PARKING AREA
PARKING AREA

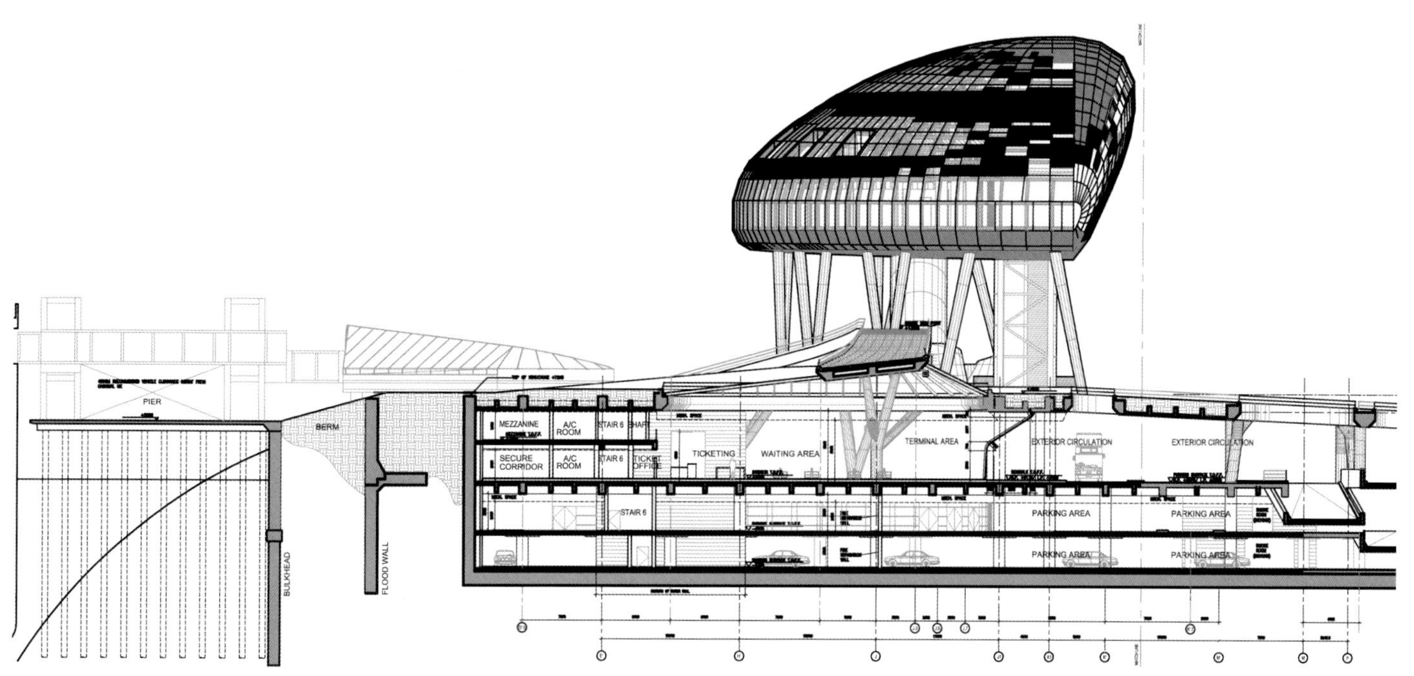
PIER
BERM
BULKHEAD
FLOOD WALL
MEZZANINE
A/C ROOM
STAIR 6
SHAFT
SECURE CORRIDOR
A/C ROOM
STAIR 6
TICKET OFFICE
TICKETING
WAITING AREA
TERMINAL AREA
EXTERIOR CIRCULATION
EXTERIOR CIRCULATION
STAIR 6
PARKING AREA
PARKING AREA
PARKING AREA
PARKING AREA

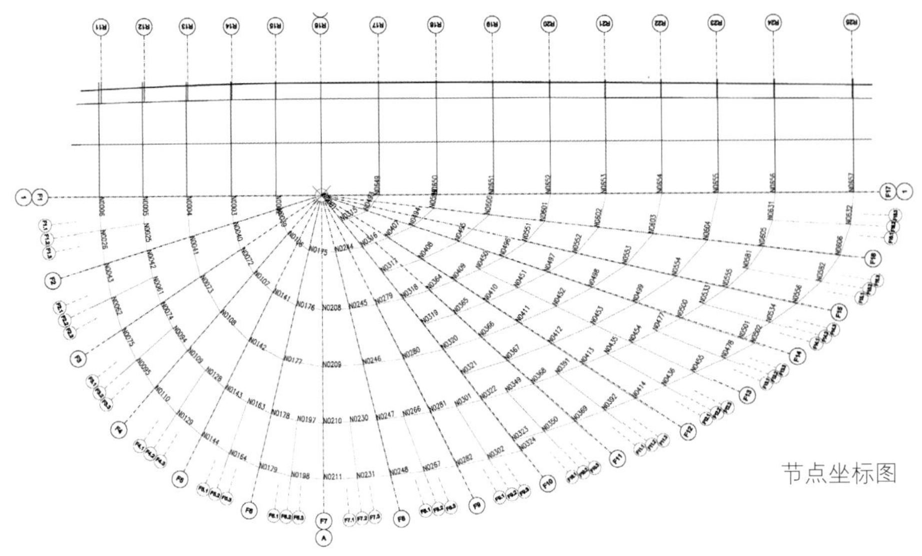

节点坐标图

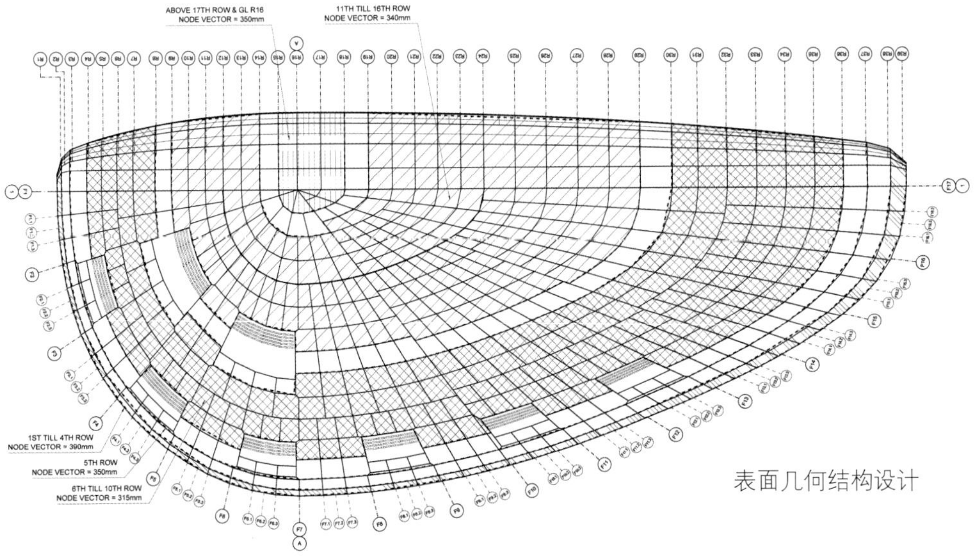

表面几何结构设计

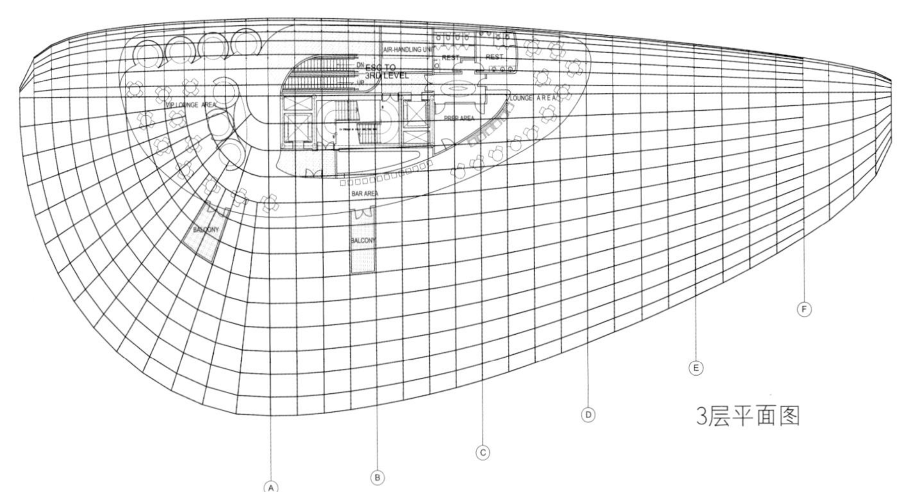

3层平面图

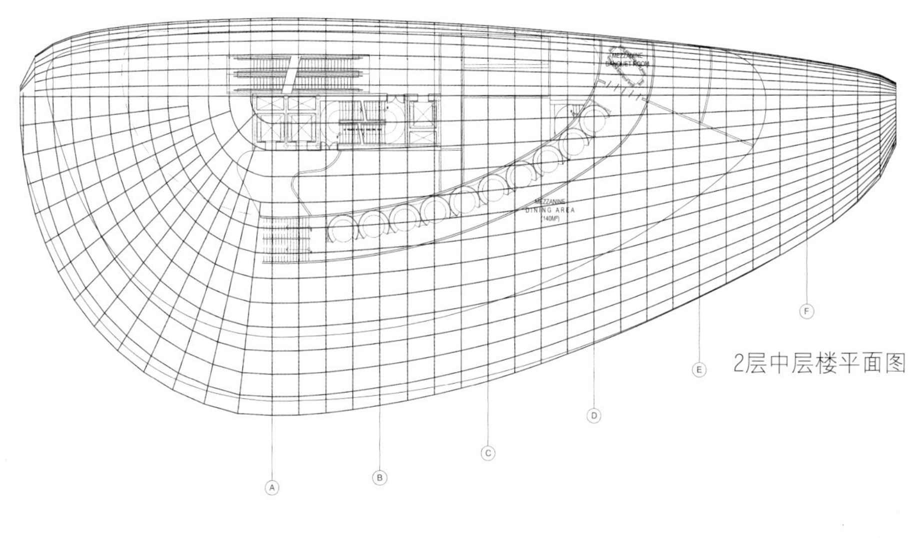

2层中层楼平面图

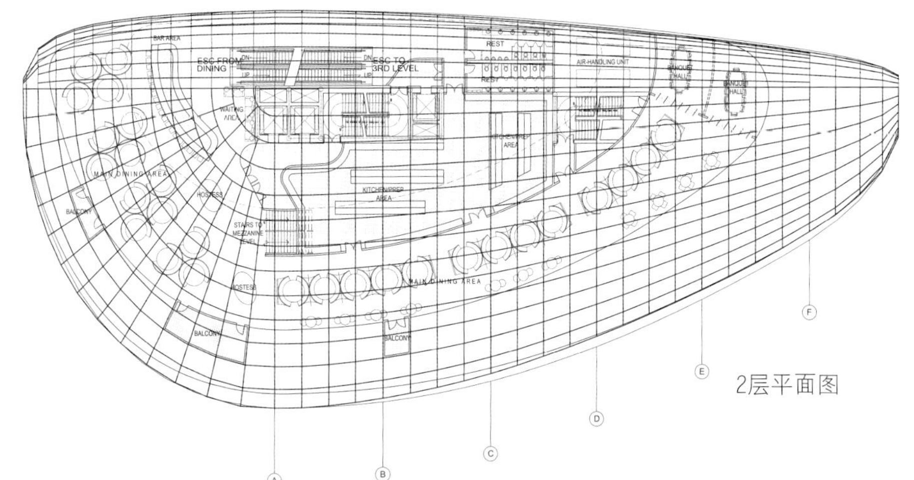

2层平面图

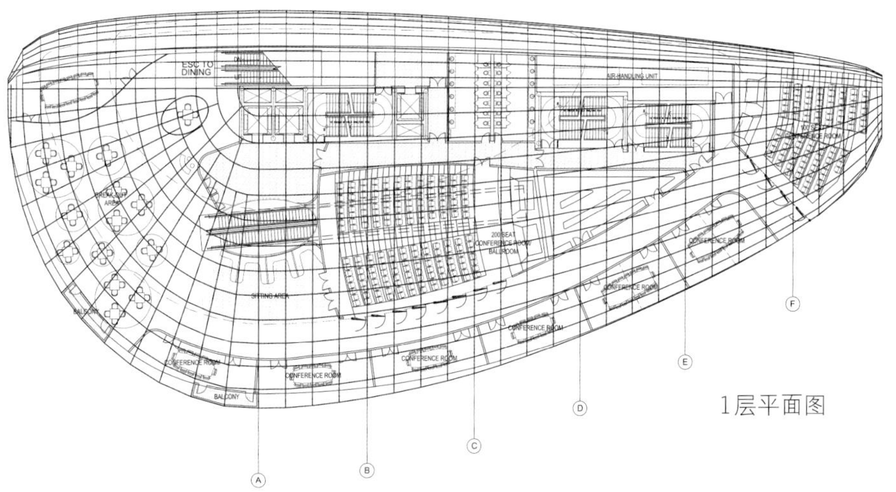

1层平面图

三维表面几何结构

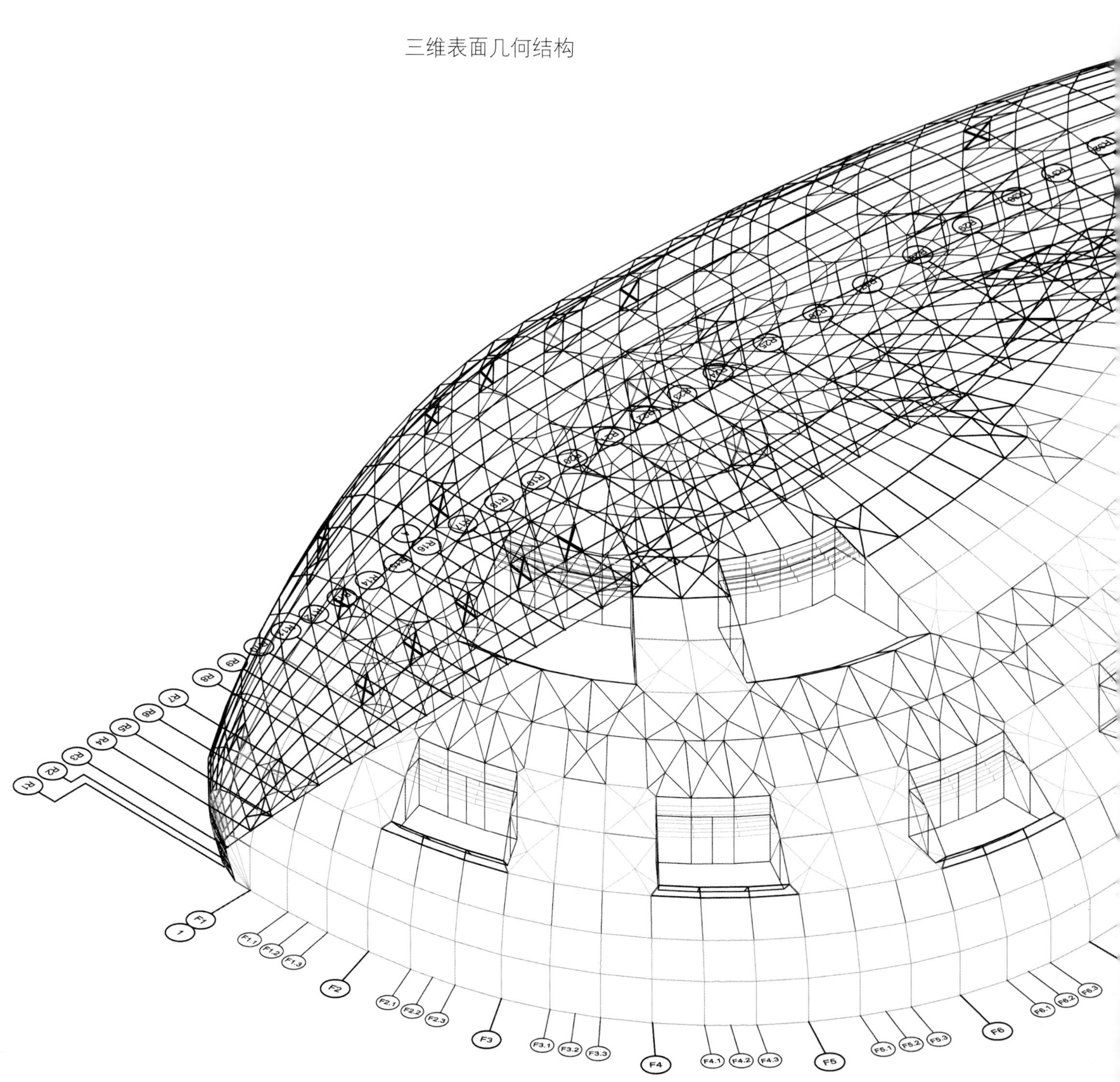
R1
R2
R3
R4
R5
R6
R7
R8
R9
F1
F1.1
F1.2
F1.3
F2
F2.1
F2.2
F2.3
F3
F3.1
F3.2
F3.3
F4
F4.1
F4.2
F4.3
F5
F5.1
F5.2
F5.3
F6
F6.1
F6.2
F6.3

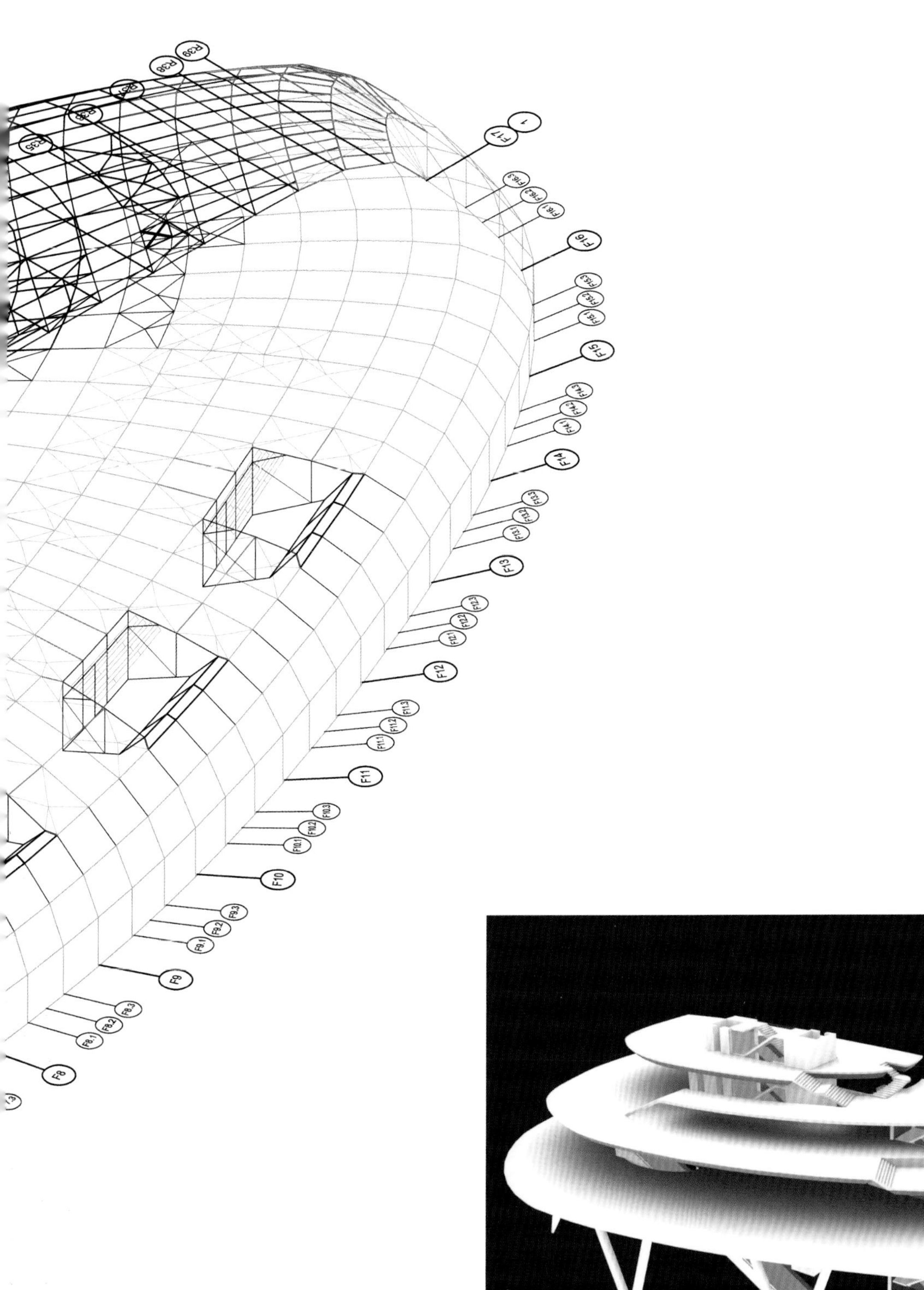

下图：四边形表面镶嵌式铺装的生成

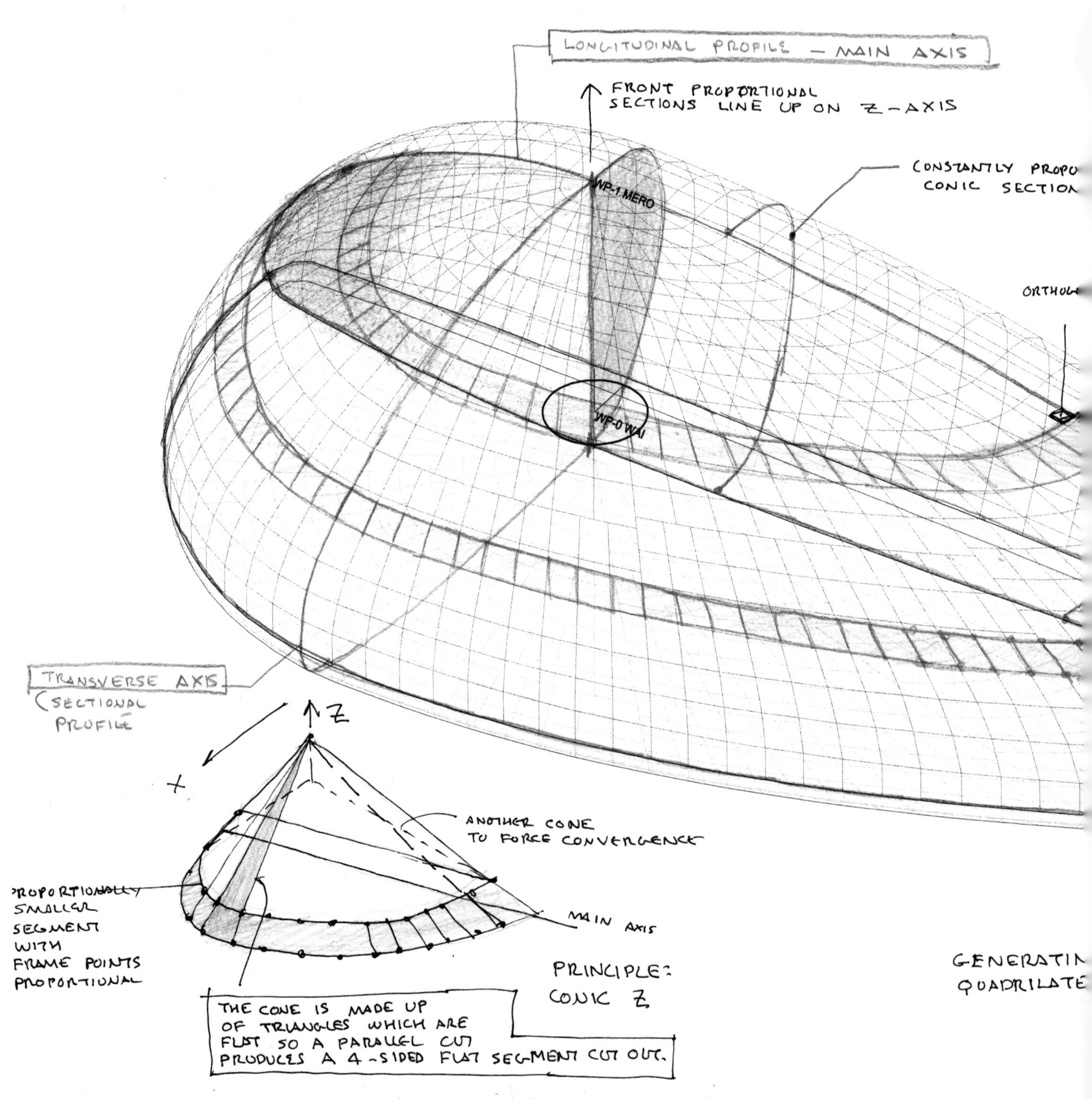

下图：候船楼细部设计

摄影：Antoine Duhamel

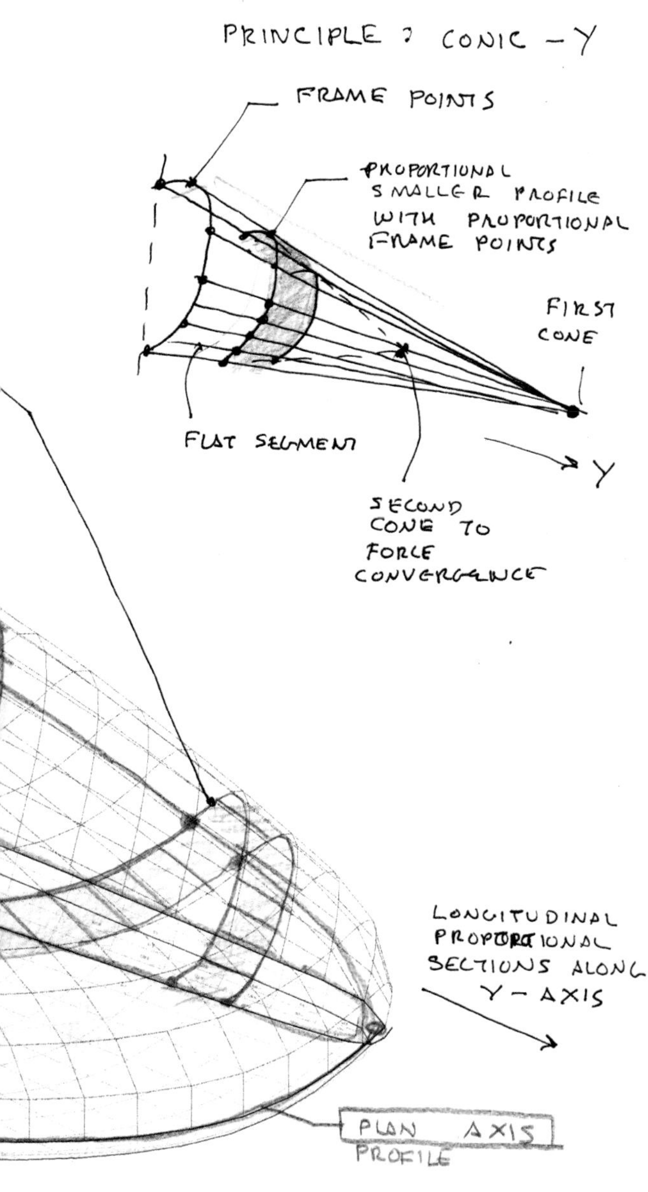

下图：拆除阳台结构后看向观光楼内部

右上：室内的主楼梯
右下：看向观光楼内部

下图：候船楼下方

摄影：Antoine Duhamel

下图：候船楼细部设计

中为客 CUSTOMER IS THE PRIORITY

本页及上页摄影：Blackstation

下图：1号登船口平面图

下图：客运中心码头地面构成

摄影：Blackstation

Boarding Platform 3
3号登船口
Boarding Platform 2
2号登船口

Between Past and Future: The Shanghai Cruise Terminal

在过去和未来之间：上海港客运中心码头

肯尼斯・弗兰姆普顿（Kenneth Frampton）
哥伦比亚大学建筑学教授

这个大规模城市改造项目最引人注目的地方就在于它是上海市政府两个城市规划目标的合体。一方面，上海港务局希望建造一座邮轮码头；另一方面，城市规划办公室决定在同一地块建造一座滨水公园（作为河畔总体规划的一部分）。雷帕什在2004年所设计的初始草图就已经展现了他出色的创造力。他的设计既保证了滨水公园的连续性，又实现了地下邮轮码头的建造，同时还为地下空间设计了采光天窗。

在项目设计中，雷帕什采用了大量椭圆形及有机造型的天窗来呼应蜿蜒而别致的公园地形。项目的另一个地貌特征在于它的一条贯穿公园周围两座重要高层建筑物的轴线，从而在项目与二者之间建立起了视觉联系。这两座独特的高层结构分别为：浦东地区的标志性建筑——东方明珠电视塔和大名路北侧在建中的上海塔（由SOM设计）。其中，上海塔在大名路北侧的建筑场地相当于公园的北缘。一开始，建筑师试图建造一座朝向上海塔底座的桥梁，将公园与上海塔连接起来。但在最终设计中，桥梁被旋转了180度，从而将公园和两座塔都联系了起来。项目的第三个基本元素是应委托方要求设计的一个观光楼。设计在初始草图中就已经存在，玻璃观光楼呈空气动力造型，犹如一个奇迹

下图：码头离港等候区

摄影：Antoine Duhamel

般悬浮在公园上空的玻璃球。这种科幻小说中的宇宙飞船造型钢铁玻璃结构再现了建筑电讯派的奇幻设计。从外部来看，整个项目由玻璃球体、地面上的天窗和桥梁组成，建筑师根据它们之间的关系，对设计草图进行了一次次的修改。玻璃球体的存在反映了项目最初的设想，对于它的确定远在桥梁结构之前。最初的设想包含两个方面，一方面是将码头建在公园地下，另一方面是在地面上打造一座码头标志性建筑，供乘客候船和观光。

到2006年仲夏，尽管一些结构细部设计和天窗的复杂几何造型仍在研究之中，项目的基本设计已经确定。至此，地下客运中心的基本规划元素已经定型。除了观光候船楼和复杂的桥梁中庭之外，最重要的地表特征是三个玻璃登船口，每个登船口都将配有一个伸缩跳板。这些登船口将设在岸边，作为同时能够接纳三艘邮轮的固定泊位。另一个重要的元素在地表并不显眼，它是客运中心的一部分，是双高天窗采光的离港大厅，由大名路上的一条行车坡道进入。坡道直达离港大厅的门廊，人们还可以由此进入下层的公共停车场。大厅下方是到达区和行李领取处，尽管这层有大面积的空间属于停车场，再下一层还有一个覆盖整个场地的停车层。

在最终实现的设计中，一个乘客自动扶梯和三组行李传送带将离港大厅和到达大厅与凸出于公园地表的1号登船口连接起来，而2号和3号登船口则通过配有行人传送带的天光走廊进入，用以服务停泊在客运中心的其他两艘轮船。走廊上方设置着一个用于行政管理的夹层楼，其位置正好能够俯瞰离港大厅、到达大厅以及过境设施。

与其他地下结构相同，这个庞大的土方工程由于临近黄浦江，地下水位偏高，面临严峻的防水设计挑战。项目不仅拥有三面保护着四层钢筋混凝土结构的混凝土墙壁（由河堤墙、防洪墙和挡土墙组成），还拥有2米厚的混凝土底板，以对抗地下水对地下结构所产生的向上的压力。如果人们知道所有这一切都必须在江边1000米的空间内建造安装，他们就会认识到这个工程的伟大之处。这项庞大的工程还必须在地下四层的位置内设置一个大型变电站。据称，这项庞大的土方工程共耗费混凝土20000立方米。最后，混凝土结构的屋顶还必须异常坚固，以承受上方公园的恒定负载，其中包括土壤、树木、冲击屋顶的水流等。因此，设计采用间隔10米的混凝土圆柱网格向各个方向延伸，以此来支撑四层地下楼面。为此，码头的钢筋混凝土屋顶被设计成1.5米深的井式楼板，配有1米深的直立梁。50厘米的拱腹与直立梁铸成一体，形成了连续的双向钢筋混凝土笼，能够支撑2米厚的土层并容纳各种形状和尺寸的树木及灌木根系，更不必说公园必备的地表排水系统。正是这个人造的钢筋混凝土底面能够保证市政部门在未来对公园景观进行任意改造。

在这个人性化环境中，由混凝土桩支撑的20米宽混凝土码头沿着整个江岸延伸。这种历史悠久的上层结构连接了陆地和水面，当伸缩跳板向前延伸，就能与船舶相连。这一结构早在公园的建造之前就已经存在。当时，这块场地主要用于仓储，坐落着大大小小的棚式仓库。这个港口设施相当于工作版本的外滩大道（以黄浦江边的古老建筑而闻名）。值得注意的是，从19世纪末到20世纪，外滩一直是上海的骄傲。外滩上林立着英法租界各种中等高度的新古典主义式建筑和装饰艺术风格建筑，浑浊的江水不断拍打着江岸，江上漂泊着长长的黑色驳船。这种场景一直延续到今天。直至今日，尽管沿路已经被高层建筑包围，这个江畔仍然保持着神奇的吸引力。客运中心的观光候船楼以其不对称的造型偏向外滩。客运中心的两大建筑结构——观光候机楼和相邻的景观步行桥庞大而引人注目。观光楼的玻璃球体长80米，宽60米；弓形的步行桥长100米。

在设计过程中，桥梁的设计不断地进化。在最初的设计中，客运中心地下候船区的上方有两扇合并在一起的拱形天窗。这一结构在设计中被提升，变得更为明显。桥梁模仿了中式拱桥的设计，其拱架结构从地下公共离港区向地面拱起6米高，支撑着两扇巨大的天窗。步行桥为地下码头带来了光线、高度和视野，免除了地上独立候船区的需求。在公园环境中，步行桥形成了一个视觉门户，为游客提供了观光平台。巨大的弧形天窗和动感的造型让桥梁彻底融入周边地势之中。

观光候船楼的上层玻璃体结构架在钢管支架之上，远离地面。因此，在球体和码头之间，除了三根独立支柱，只有一个双向自动扶梯、一个电梯井和一些剪刀式楼梯（分散在球体下方，用作紧急楼梯）。尽管观光楼的内部的最终空间分配较为灵活且存在调整的可能，它各个楼层内的层级分配却十分明确。观光楼的最下层大多为会议设施，在玻璃体南侧，5间不同规格的会议室朝向黄浦江。这个会议区还配有其他三种设施：朝向东南方江湾和外滩的休息区以及2间分别可容纳200人和120人的礼堂。公园入口处的自动扶梯将公众直接引往休息空间。而后方的服务区则配有两部电梯、三部剪刀式楼梯和必要的洗手间。会议层上方的二层结构内设置着餐饮设施。有两种方式进入夹层空间：第一种是通过与门厅相连的自动扶梯，第二种是通过与各个楼层以及公园地面相连的电梯。两种方式都能达到玻璃体顶端的餐饮休息空间，其中的酒吧可以俯瞰外滩美景。东北角设有两间私人宴会厅，其余的楼面空间则用作厨房和其他服务设施。一部宽大的楼梯从门厅越过厨房，最后到达夹层楼。此外，观光楼的玻璃球体还有两个变体元素：一个是位于二楼六个点上和顶部两个点上的嵌入式阳台，另一个是在玻璃体相对较直的一侧聚集起来的机械服务设施。

在2004年提交给有关当局的客运中心设计1：200剖面图中，泡状设计初露锋芒。建筑师在剖面图中呈现了一种连续的高度敏感型楼面配置：公园的地表和假天花板的拱腹都将服务设施设在地下，随着天窗的流线造型而起伏。无论是在由管状支架支撑的玻璃晶体结构还是在地表的凸起的小型天窗结构中，这种上升趋势都形成了连续的运动。这些运动被巧妙地融入了玻璃自动扶梯井的卵形剖面之中，从公园向观光楼的中心缓缓上升。值得注意的是，在这一设计阶段，玻璃球体的飞船造型被处理成单一的结构外壳，由连接的钢管支撑。钢管借由楼面而更加稳定，并固定在贯穿整个结构的混凝土楼梯和电梯井上。最终实现的设计比图纸中的设计缺少一些轻盈感，它取消了支撑球体的圆柱和倾斜的支撑结构的垂直结构并且限制了剪刀式楼梯以独立元素从球体向外延伸的可能性。本地大型客运设施的防火规范导致了这些变化。保守的抗震措施也对建筑的结构组成造成了影响：步行桥下5厘米厚的三层玻璃顶盖能承受每平方英尺150磅的重量（远超出可能承受的重量），支撑桥下帐篷形结构的钢管系统也采用了过多的支撑。顶部结构的过度烧结导致这层薄纱式薄膜的空间透明度较差，地下的到达大厅难以感知到高耸的桥梁造型与下方空间的错位。虽然委托方对曲面玻璃（用于观光楼的玻璃球体结构和桥下的大型天窗）动态造型情有独钟，但是为了保证视野的真实性（曲面玻璃会导致失真），他们并不允许在设计中采用曲面玻璃。为了解决这一矛盾，建筑师创新地利用圆锥截面结构通过平板玻璃切片的巧妙结合，实现了精巧的曲面玻璃层。

江岸东侧的建筑群由7~12层高的建筑组成，其中包括由威尔·奥尔普索设计的6~7层临江办公楼和由雷帕什设计的3座沿着大名路人行道排列的8~20层办公楼。

这两组办公楼截然不同，奥尔普索事务所设计的办公楼采用了遮阳板，比较暗沉；而雷帕什设计的建筑幕墙通过玻璃釉面遮阳，具有更为明确的雕刻感。这在雷帕什的早期草图中十分明显，建筑综合体由两座不对称的中等高度办公塔楼组成，下面是精心设计的底座。二者在草图中通过有机造型的中庭连接起来。虽然连最初的未来感设计造型在最终的版本中都进行了大量修改，这个出发点仍贯穿了项目开发的始终。这主要是由于在开发中规划性质的巨大变化，委托方突然将项目从住宅楼转化为了办公楼。

从运营的角度来讲，这座办公综合体唯一与众不同的地方在于它高大的底座下方有一个与其等高的地下室，同时地下室下方还设有两层停车设施。双子楼分别为16层和20层高，二者在公共入口门厅、8层以及16层分别相连。公共门厅外是一个沿着大名路的门廊，内部设有两个独立的电梯井和独立的剪刀式紧急楼梯。门厅中央的大楼梯两侧是上下的自动扶梯，将位于广场层的门厅与下方的地下室连接起来。地下室内设有一间可容纳272人的礼堂、若干间会议室以及通往地下商业广场的外围餐饮空间。阁楼咖啡厅位于大名路的门厅之上，通过玻璃楼梯与上方的广场层（高于公园基准面一个楼层）相连。咖啡厅下方是各种各样的中庭，中庭同样与地下商业广场相连。

讽刺的是，雷帕什为上海港国际客运中心主体结构所设计的建筑组织排列只能在其东侧的独立办公楼中完全实现。观光楼的玻璃球和公园步行桥下的玻璃弧形天窗都暗指着充满活力的表面排列结构（建筑师本来想将这一设计应用到整个项目之中）。目前由上海建工集团所使用的双子办公楼完全实现了这种设计。

雷帕什在设计中应用了门德尔松的可塑性美学，将釉面玻璃幕墙配上圆角，从而保证了复合结构在各个角度的变化，形成了连续感。竖框根据宽窄的窗台变化，保证了玻璃表面的绝对连续性，从而实现了这种可塑的美感。每个窄窗台都配有手动控制的平开窗。由于建筑的外壳全部采用玻璃装配，连辅助竖井和楼面都清晰可见（它们通过压缩釉面玻璃的接缝与外立面相交）。大名路上的入口曲型玻璃雨篷以及最高建筑顶部的三个曲型阳台将这种可塑的美感诠释到了极致。这些半嵌式阳台以及顶部阳台伸出处的圆角

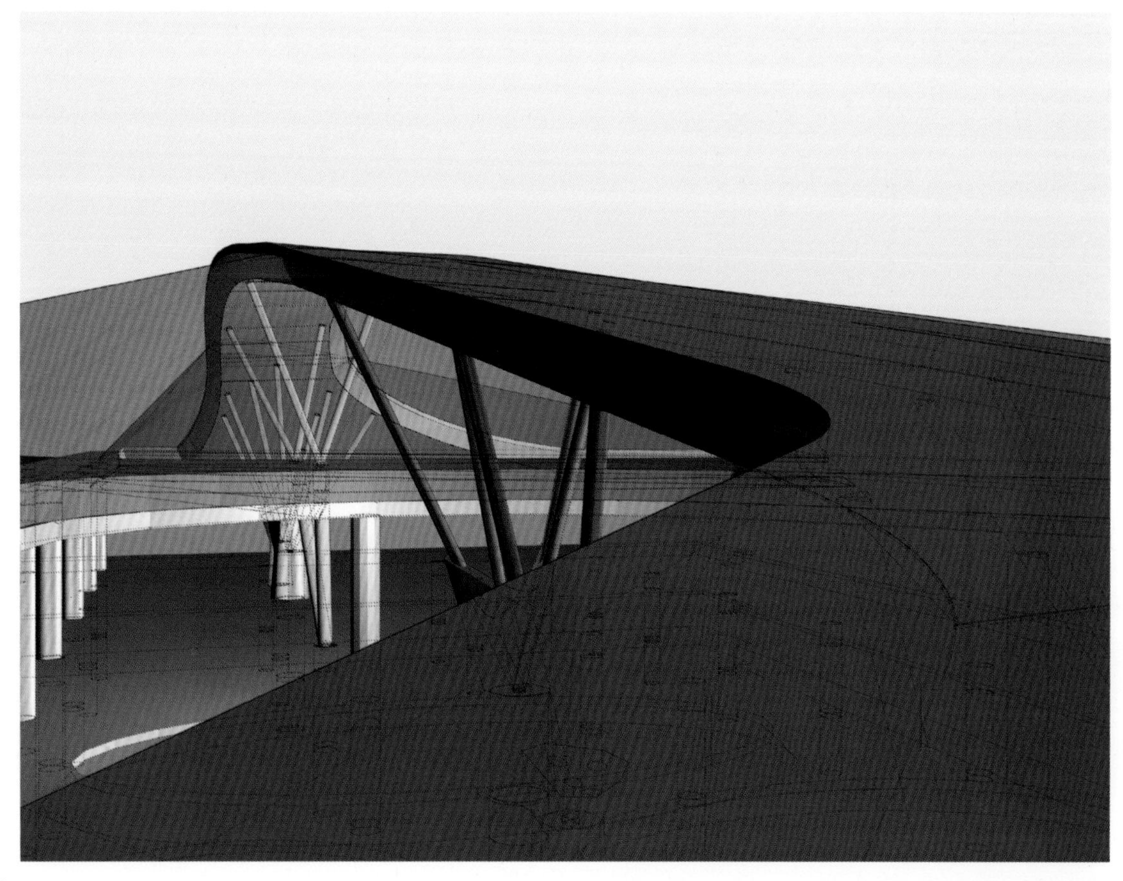

的雕塑感强调了整个楼群的有机造型特色，建筑的下面8层采用不锈钢独立圆柱进行支撑。

客运中心到达大厅和离港大厅的毛面混凝土说明了客运中心的内部还需要进一步改进。建筑师十分希望对独立圆柱的随机色彩处理和划分空间的临时屏风进行改造，以实现他所期望的清晰简洁的室内环境。但是，显然有关当局对客运中心的现状十分满意，他们可能会认为对空间进行整修是一种浪费。

除了客运中心没有实现建筑师的预期效果之外，源自现代建筑技术卓越潜能的深层文化目标也没有实现。幸好上文所提到位于场地东端的中层办公综合体弥补了这一缺憾。正如路易斯·卡恩所说，“我所想象的建筑流光溢彩，但是一落到纸上，就好像立刻缺少了什么”。这种感觉完全符合雷帕什的超现代视角。在客运中心中，真正实现了建筑师意图的是动态的空间错位设计——钢管支撑的建筑结构和以复杂的几何结构铰接起来的极其精致的双曲线开窗设计。它们体现在项目的不同方面，主要是因为管理项目的两个相关机构有着不同的时间和空间安排。这导致了内部装饰等方面受到了一些意外的限制，未来随着项目的发展，这些修饰都将慢慢实现。

Ebony (Display) Hotel

Ebony (Display) Hotel

埃博尼酒店

酒店融合了许多暗示元素：它们既是安睡做梦的住宿场所，又可供人们会面，还是旅行者的落脚之处。换言之，它们兼具私密性和开放性。纽约的标准酒店正是这种设计的典范。

埃博尼酒店以弧形的悬浮式客房楼作为面向城市的展示空间，或者可以说是电脑屏幕。深色的玻璃与石材立面增强了建筑的深夜内涵，而两面临街墙壁则让建筑在白天显得独立而自信。弧形翼楼的设计还暗示了梦游者的漂移路线。

酒店规模巨大（拥有1200多个房间），但是各个元素的拼接十分简单。这就形成了一种概念上的模块化。（2013年设计，进行中）

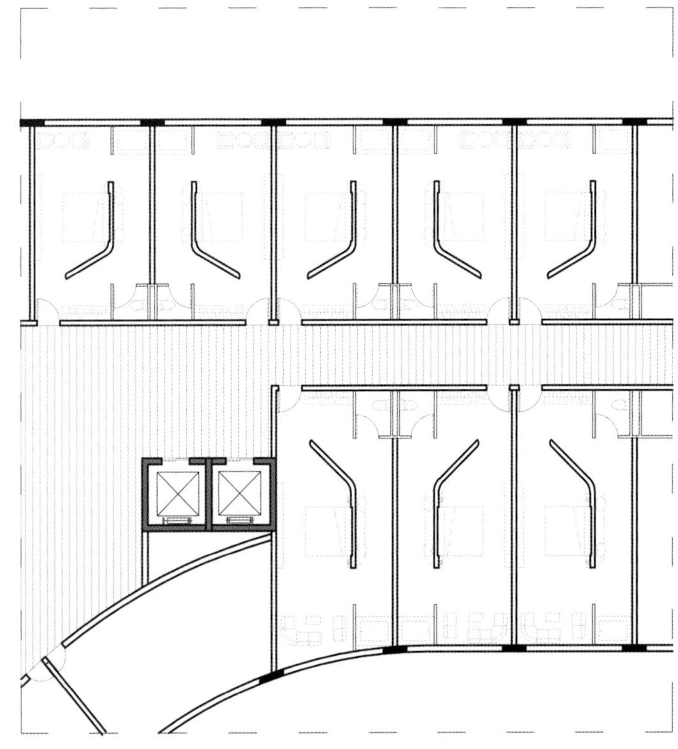

标准布局

上图：上层桥楼设计图

下图：立剖面图

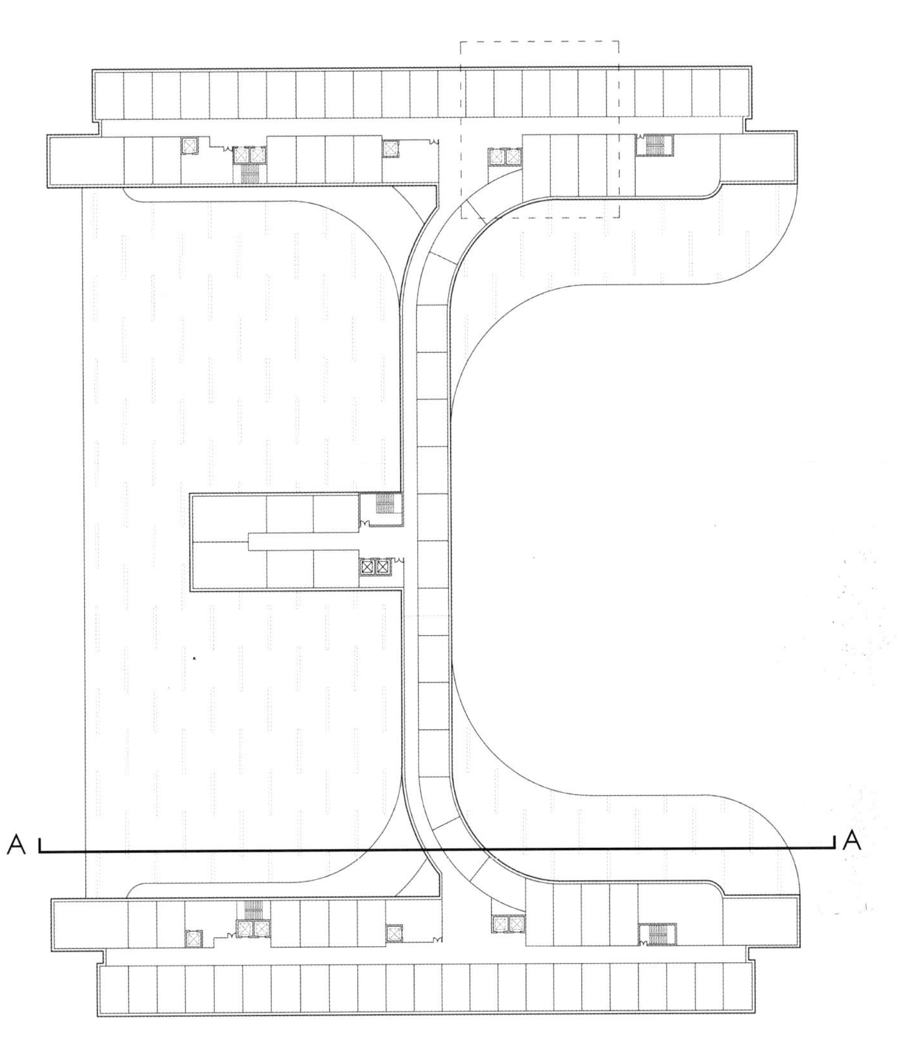

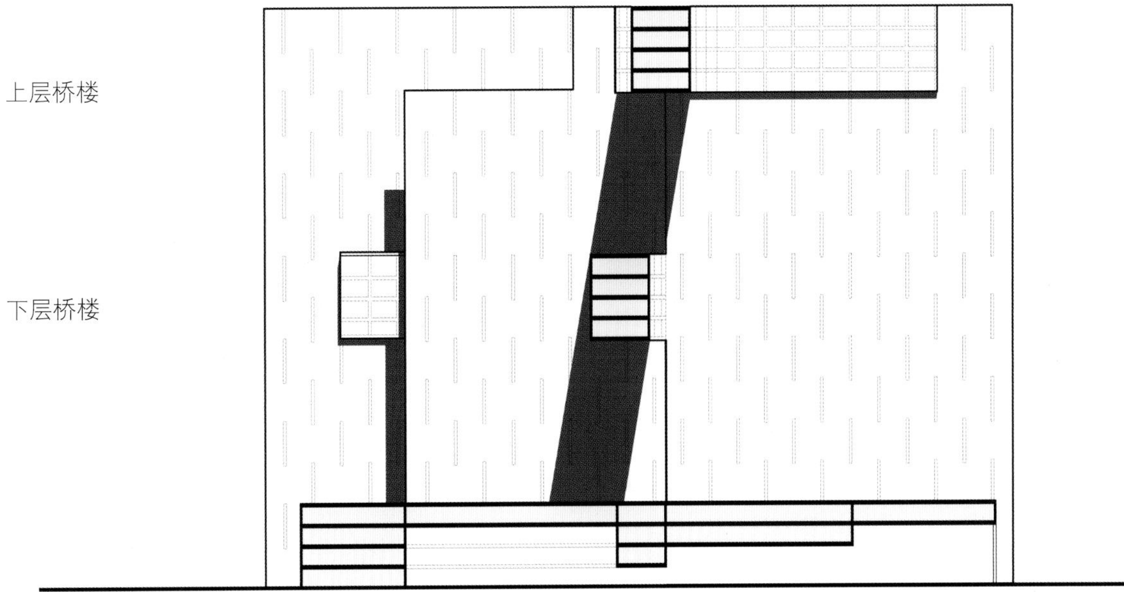

上层桥楼

下层桥楼

下图：酒店鸟瞰图

下图：入口立面

下图：酒店庭院

下图：庭院细部

右上和下图：早期研究图片

上图、下图：标准客房效果图

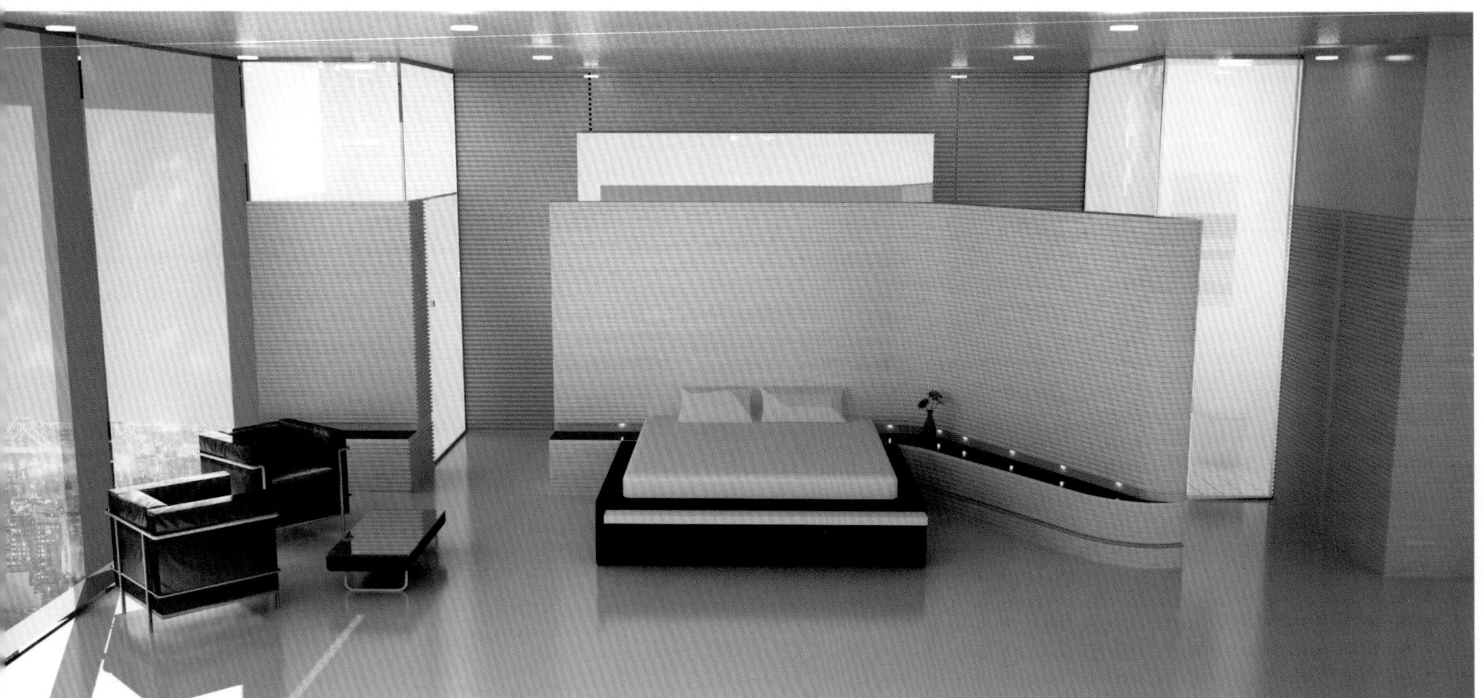

下图：庭院

左图：庭院一侧

下图：建筑侧面鸟瞰图

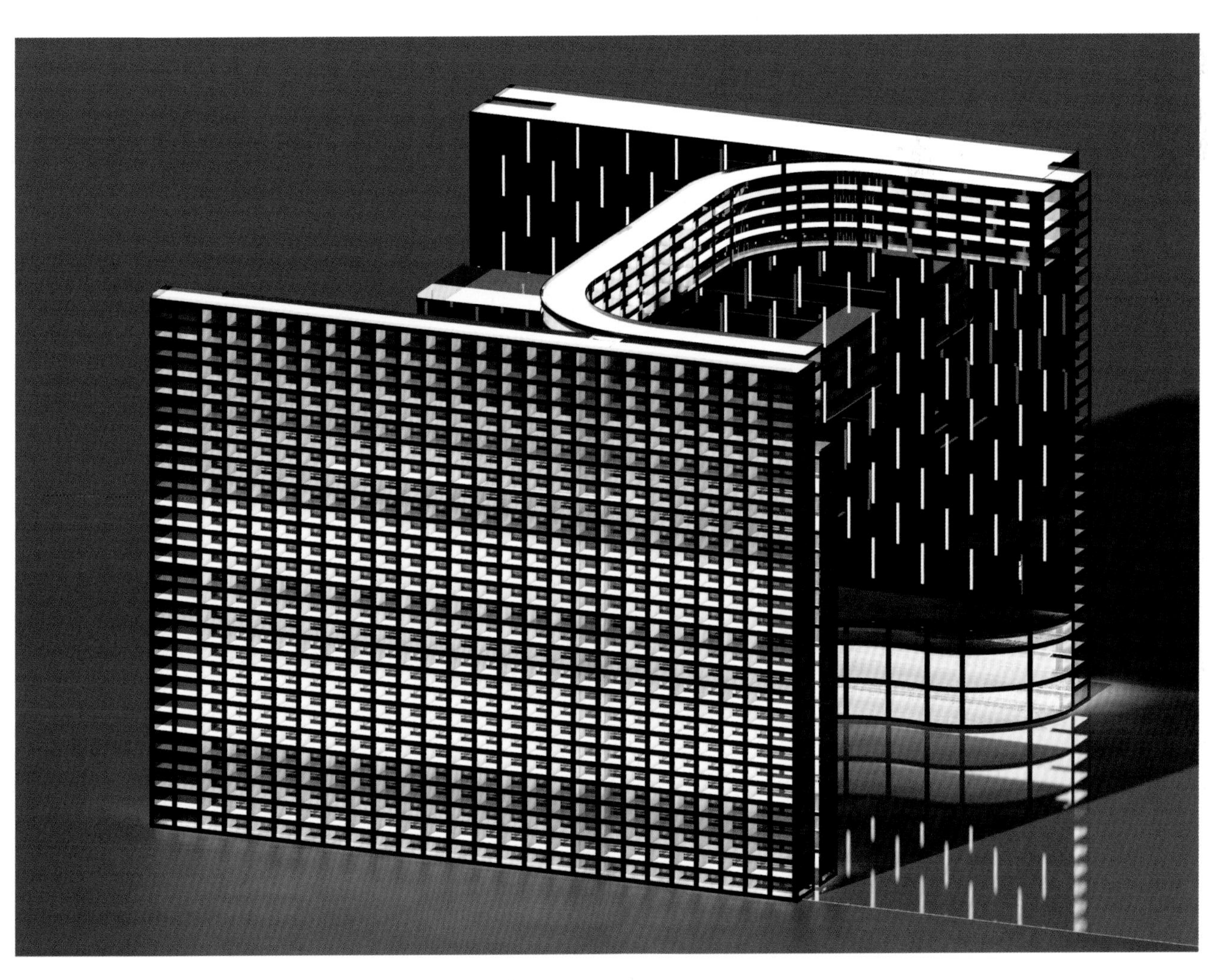

Industrial and Commercial Bank of China (ICBC)

Industrial and Commercial Bank of China (ICBC)

中国工商银行

这座银行大楼是构成大名路靠近上海港国际客运中心的街道墙的三座建筑之一。它以流畅的曲线转向广场，正对后方的冬日花园。在平面规划中，建筑向南侧偏斜，形成了一个椭圆形广场。因此，建筑拥有多个立面。朝向大名路一侧是一面巨大的“城市之窗”绿化墙，内部摆放着茂密的植物。

中庭的幕墙拥有独特的缆索结构，摒弃了传统的蛛网式结构，而采用了方形玻璃配件来支撑交错的玻璃嵌板。由细方杆构成的水平对角支撑结构显得简洁而优雅。

虽然街道墙建筑大多以静态为主，但是银行大楼位于主要街道并且靠近交通枢纽，以其动态的视觉造型将各个街道墙建筑连接了起来。细长的平面布局令建筑享有开阔的视野和充足的日光。（完工时间：2009年）

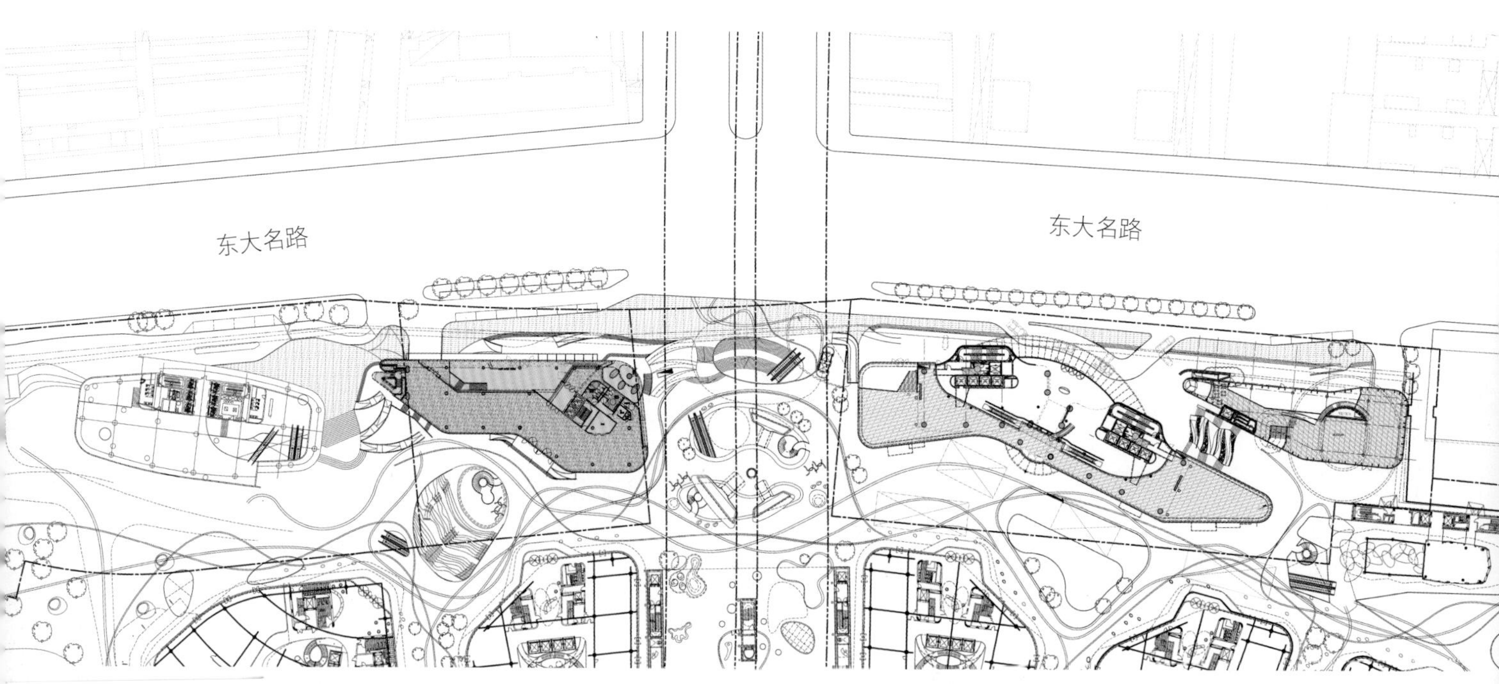

右上：配有线形中庭的标准楼层平面图

右下：下方大堂层平面图 El. +000

左图：总平面图

上页摄影：Blackstation

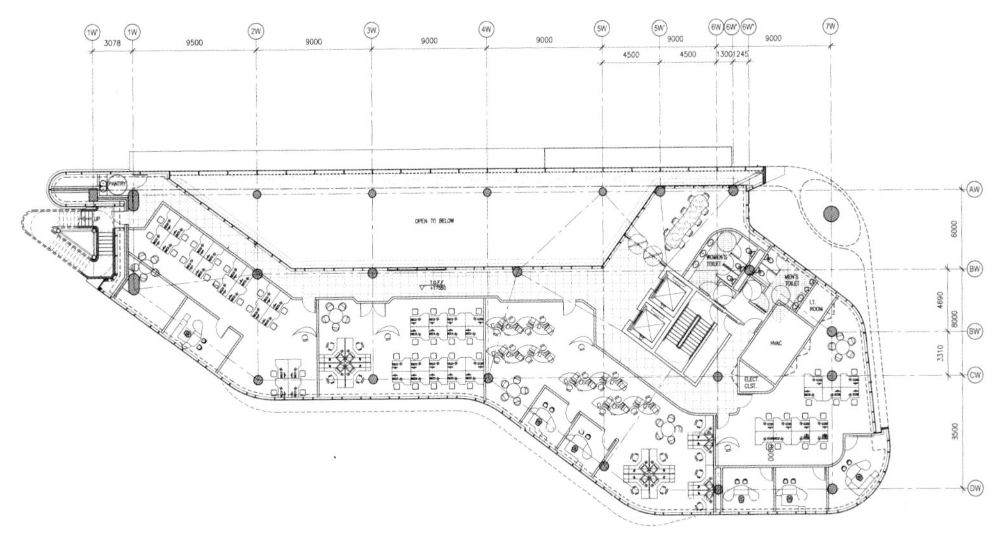

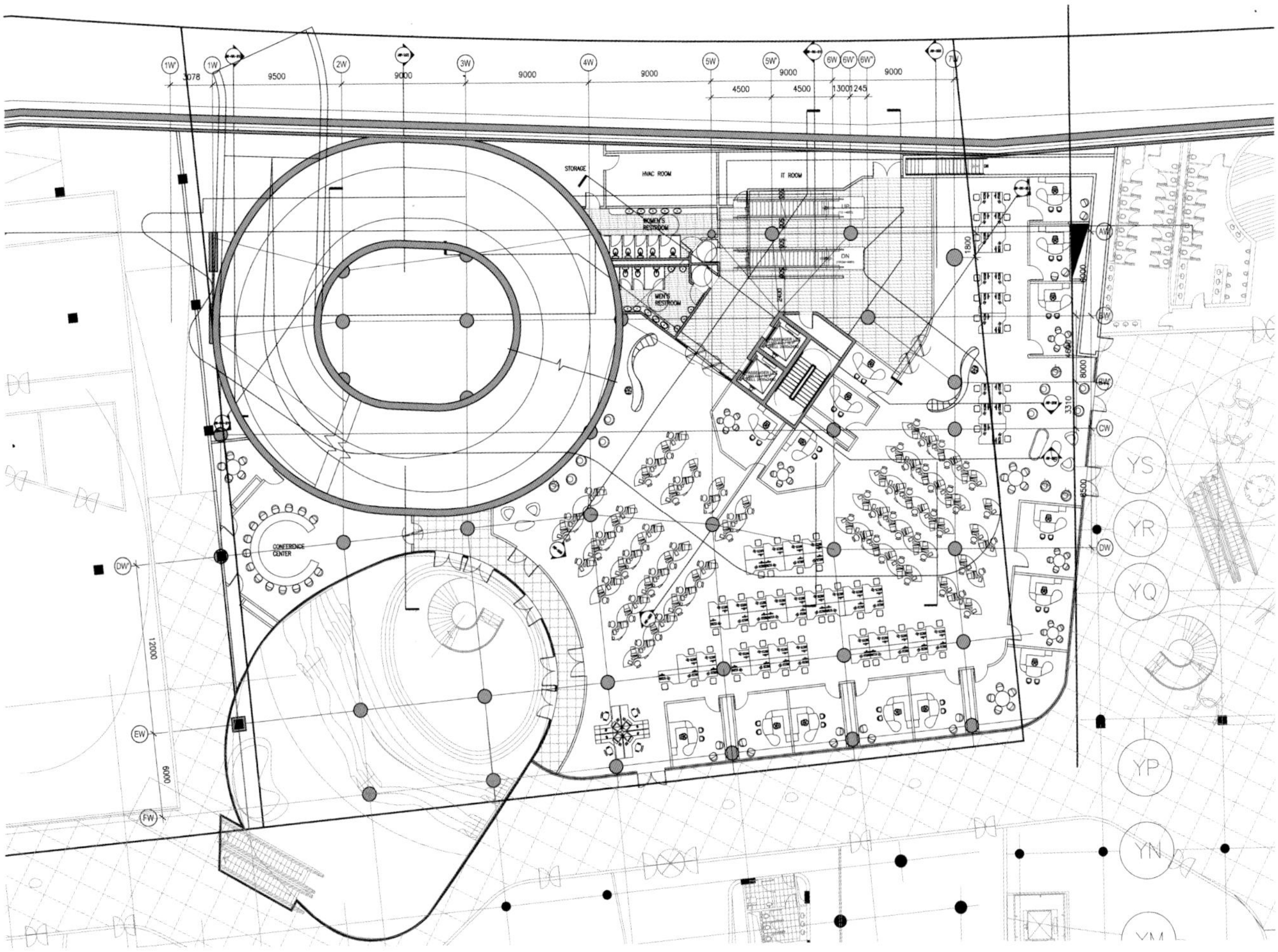

下图：缆索立面系统

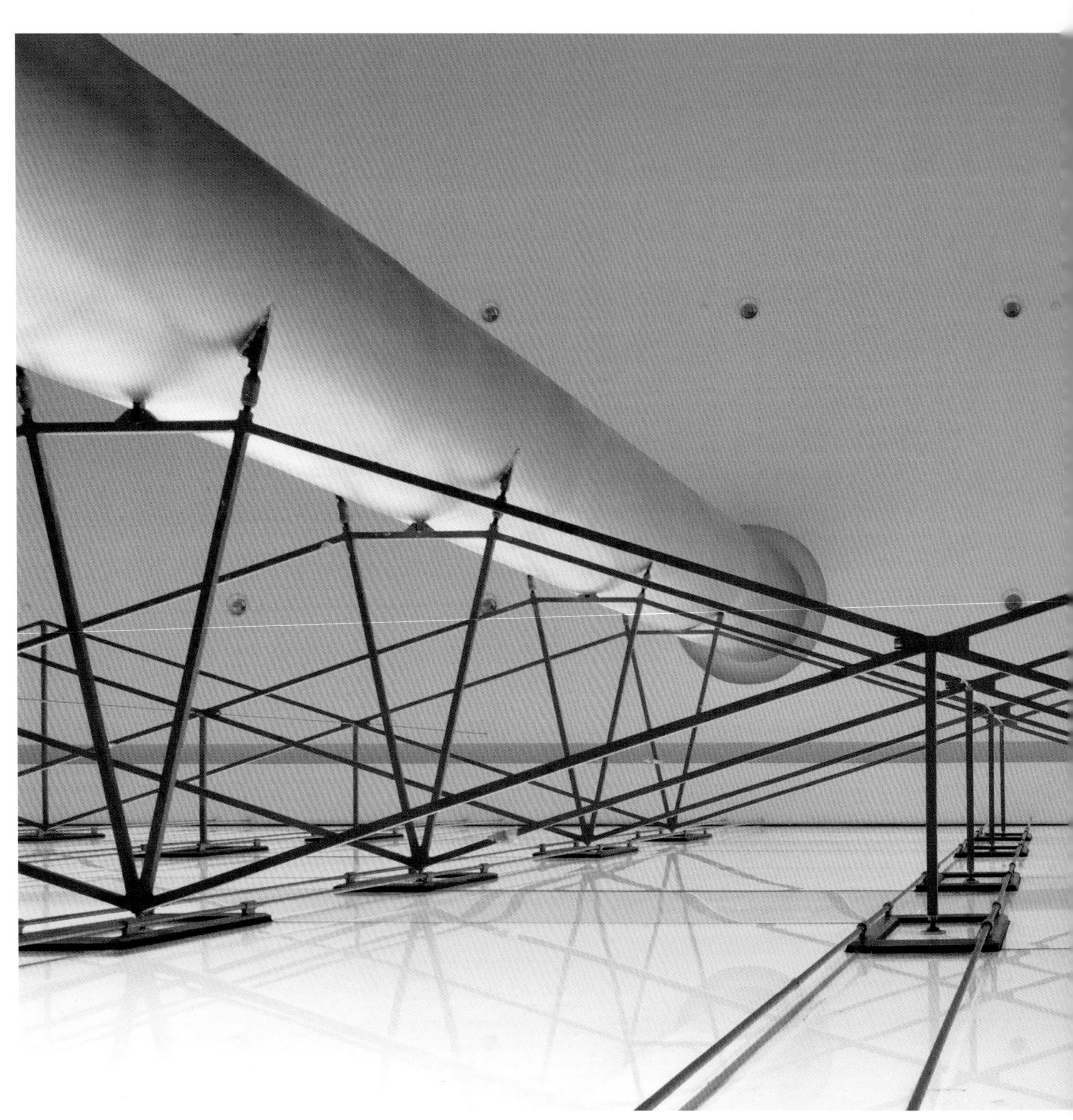

下图：入口立柱细部

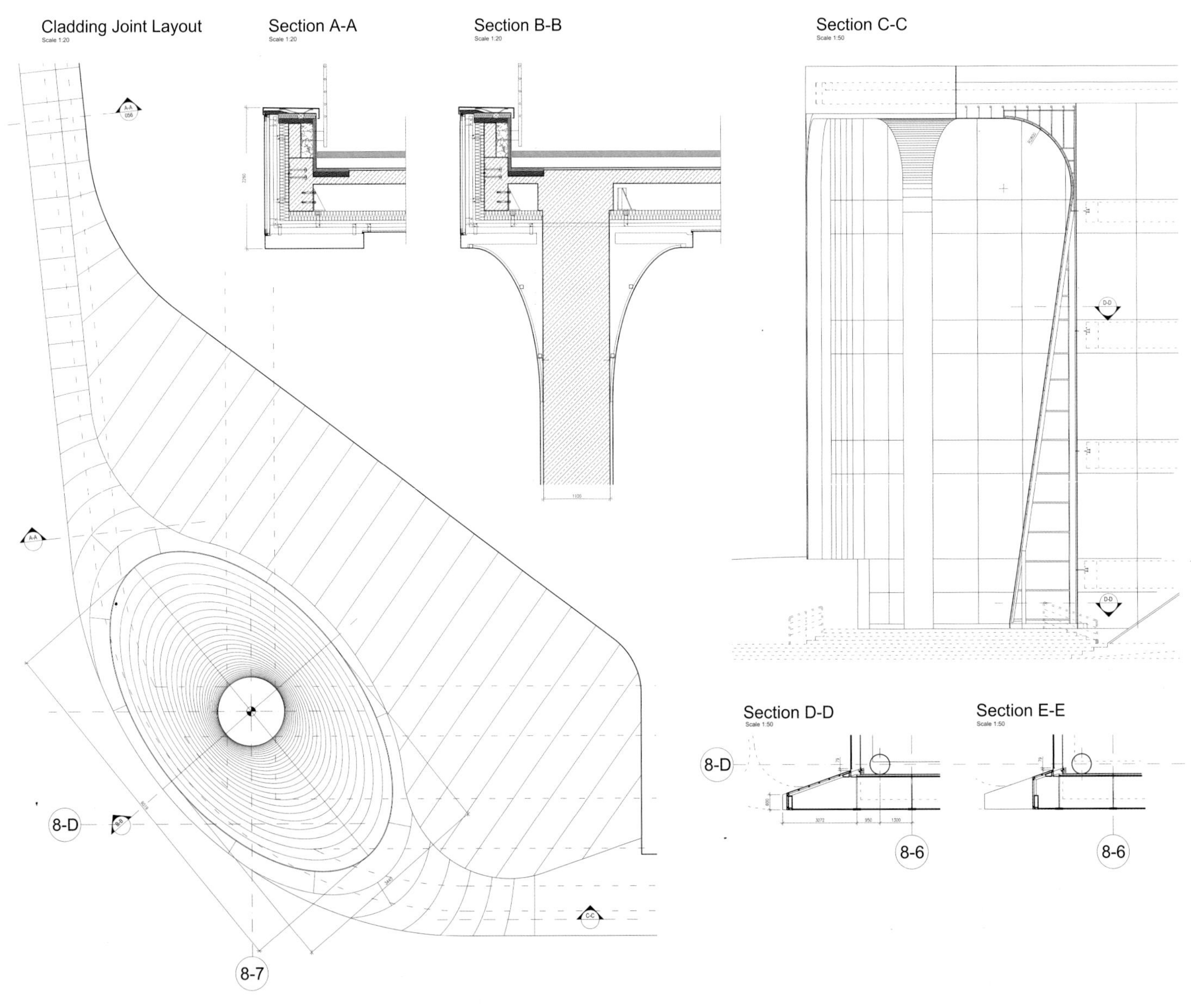

初步设计的街角细部

摄影：Antoine Duhamel

下图：中庭细部

下图：中庭夜景

上页及下图摄影：Blackstation

Middle East Mixed Use Complex

Middle East Mixed Use Complex

中东综合体

项目是为一个邀请式国际设计竞赛所设计的方案。

两座多功能塔楼的前方是一个带状公园，公园通过中间的走道变化为广场。广场内部的树槽布局采用了绿树与石板相间的造型。这一图案向上呈弧形延伸，先是形成了镂空遮阳板，随后直线上升，成为两座240米高塔楼的外立面。

这种单一的镂空变形薄膜结构覆盖并统一了整个场地和建筑的表面，将土地与建筑立面合为一体，与上海港国际客运中心码头的表面设计有着异曲同工之妙。（完工时间：2009年）

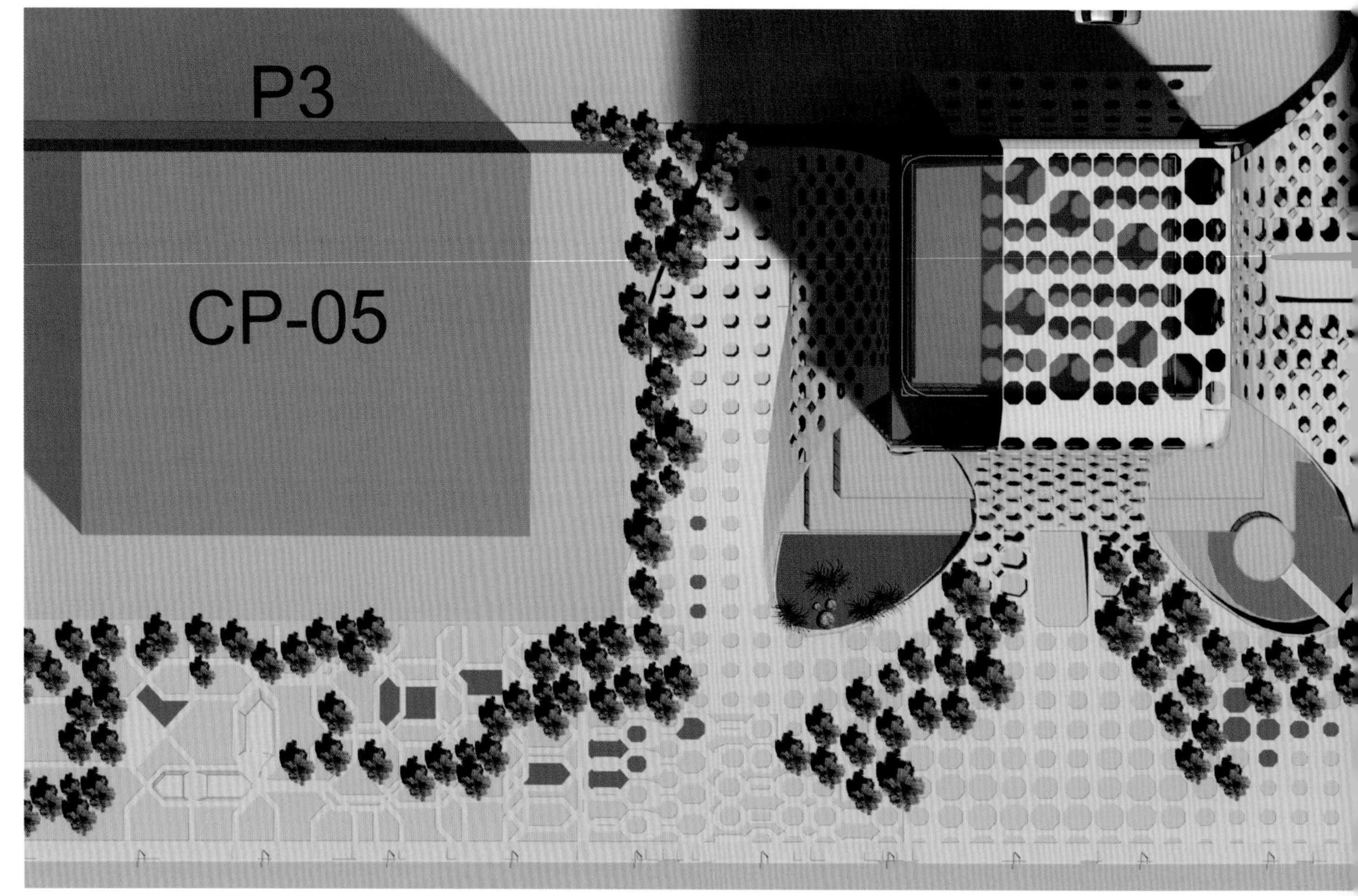

下图：城市公园景观布局

左图：建筑北侧

下图：北侧剖面图

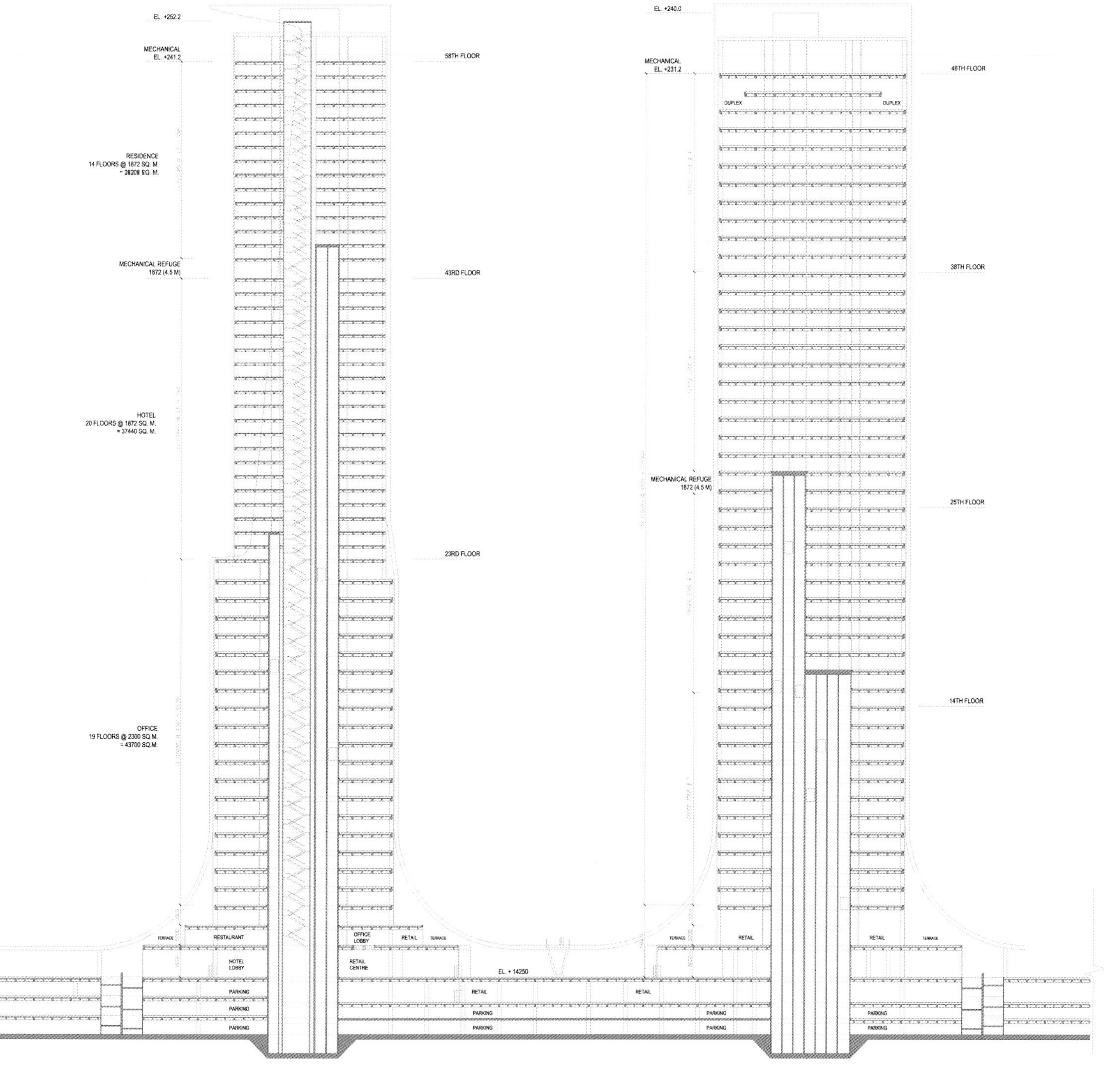

下图：街道/平台层平面图

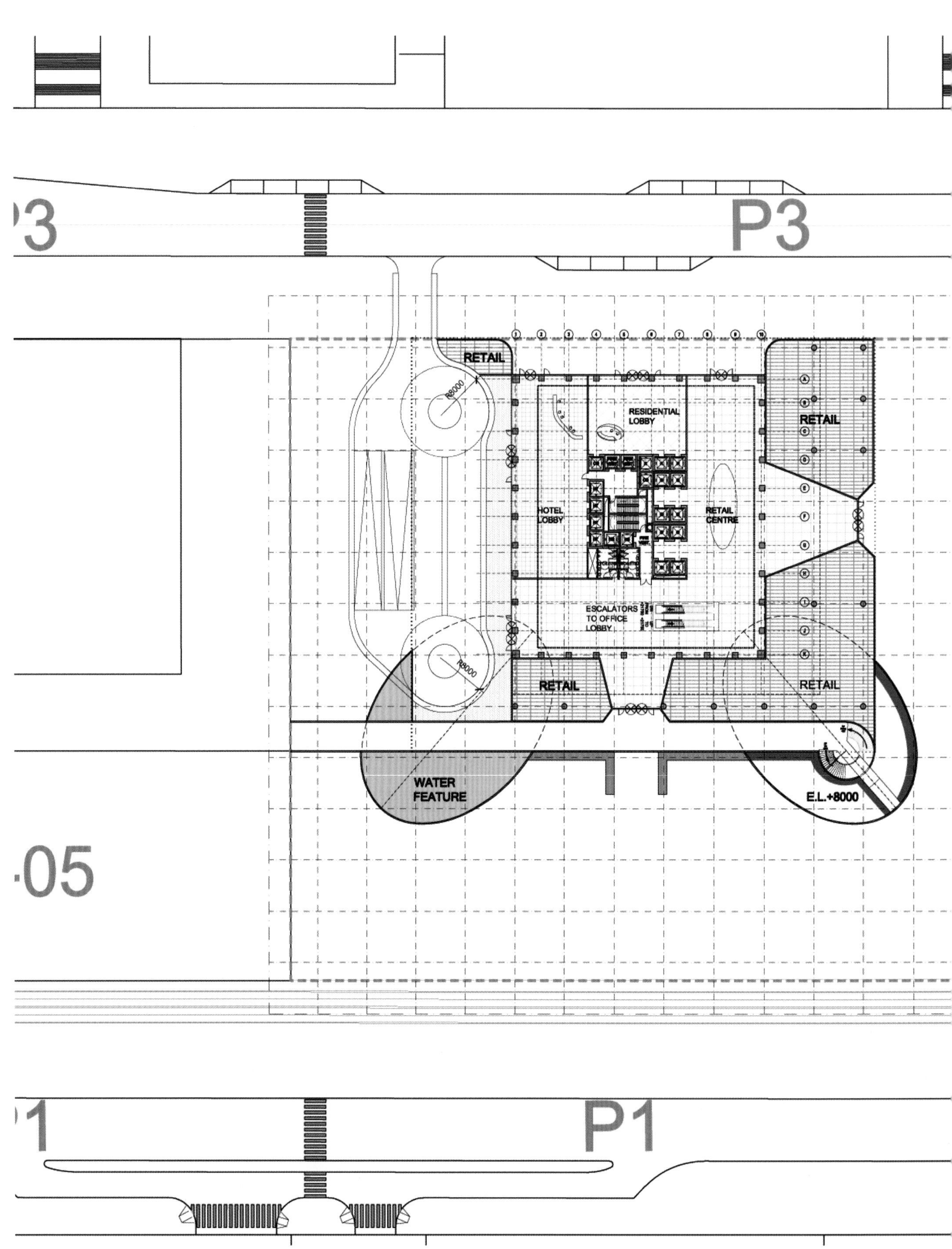

P3
P3
RETAIL
RESIDENTIAL LOBBY
RETAIL
HOTEL LOBBY
RETAIL CENTRE
ESCALATORS TO OFFICE LOBBY
RETAIL
RETAIL
R8000
R8000
WATER FEATURE
E.L.+8000
05
P1
P1

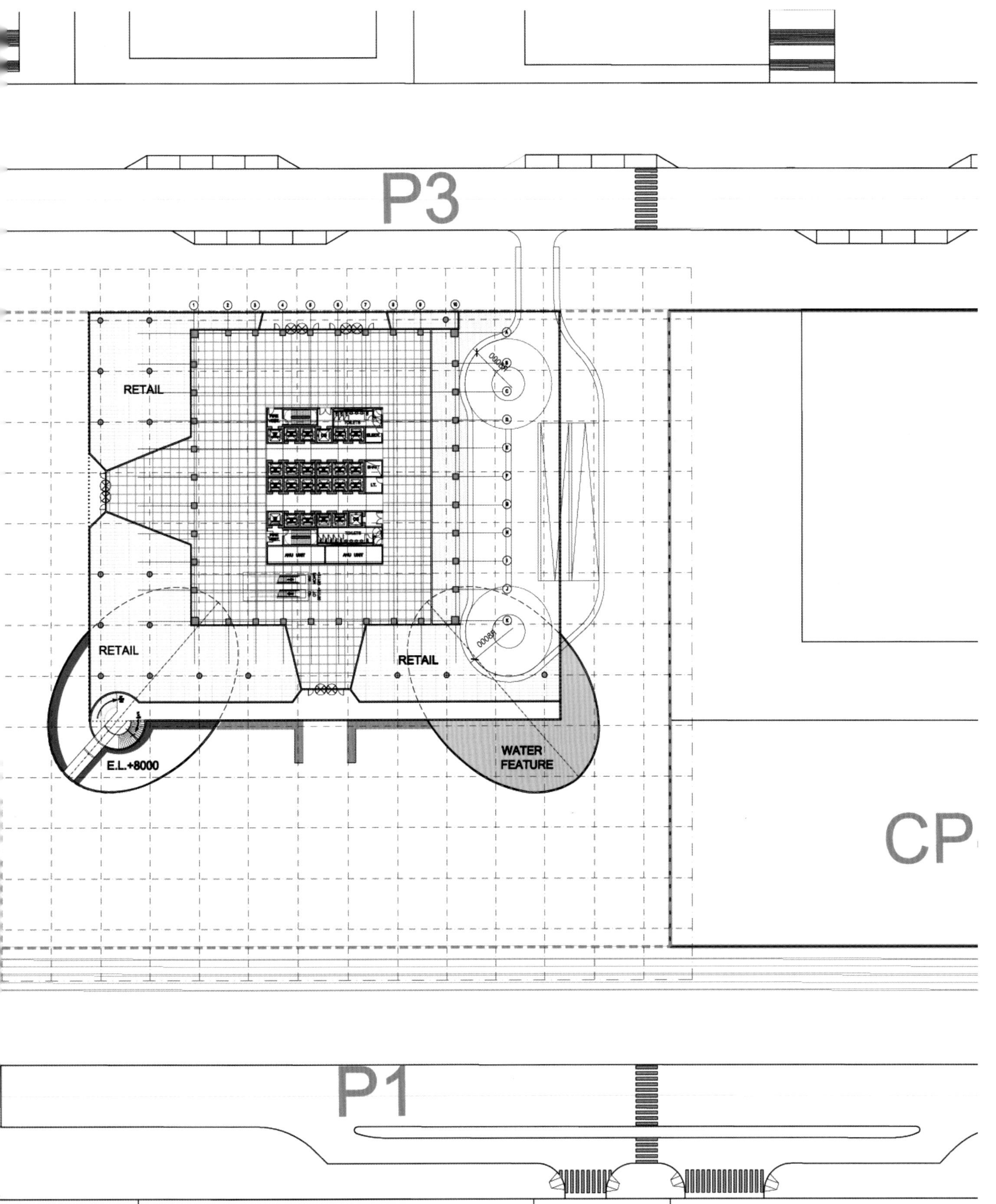

P3
RETAIL
RETAIL
RETAIL
E.L.+8000
WATER
FEATURE
CP
P1

下图：商业广场/部分停车场平面图

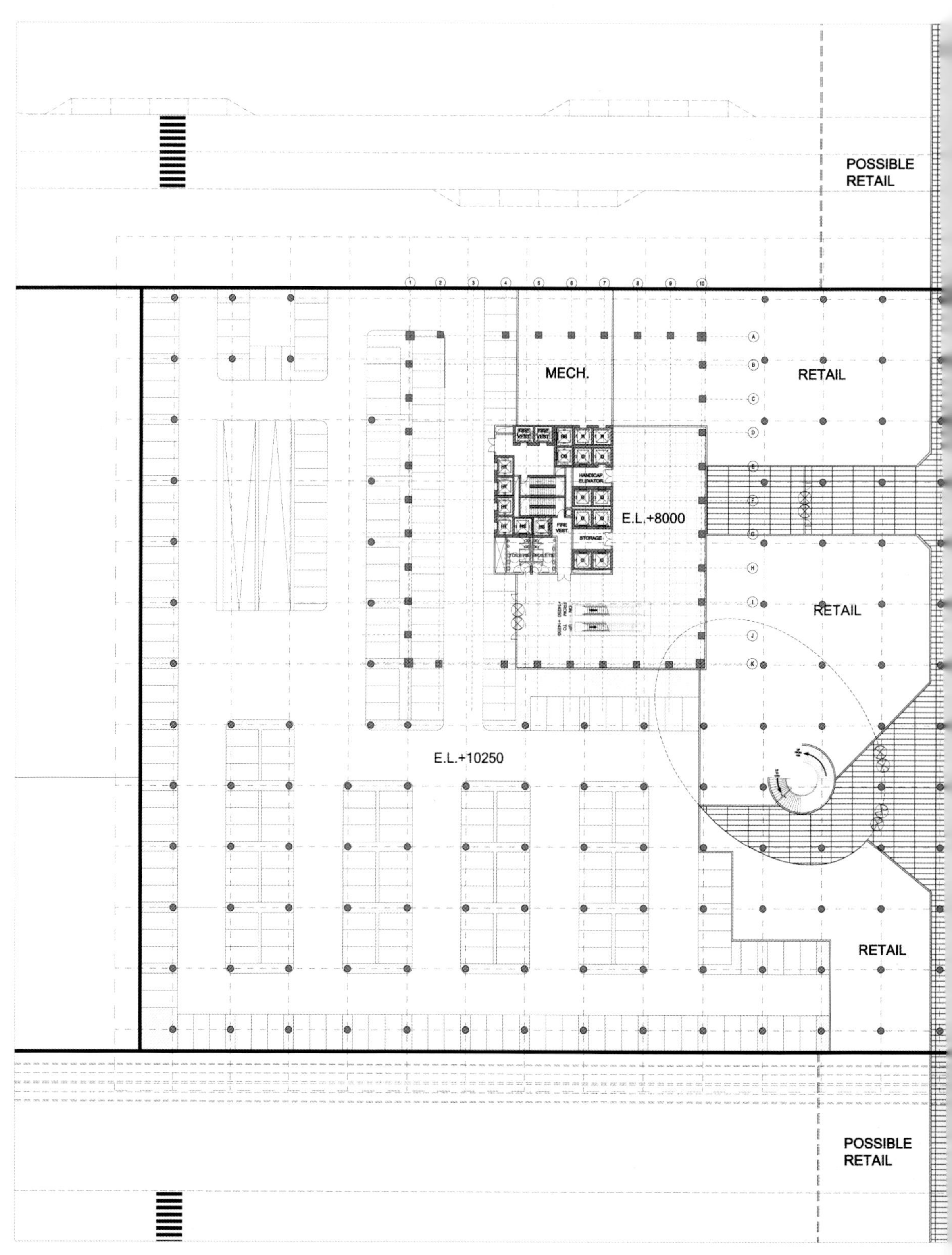

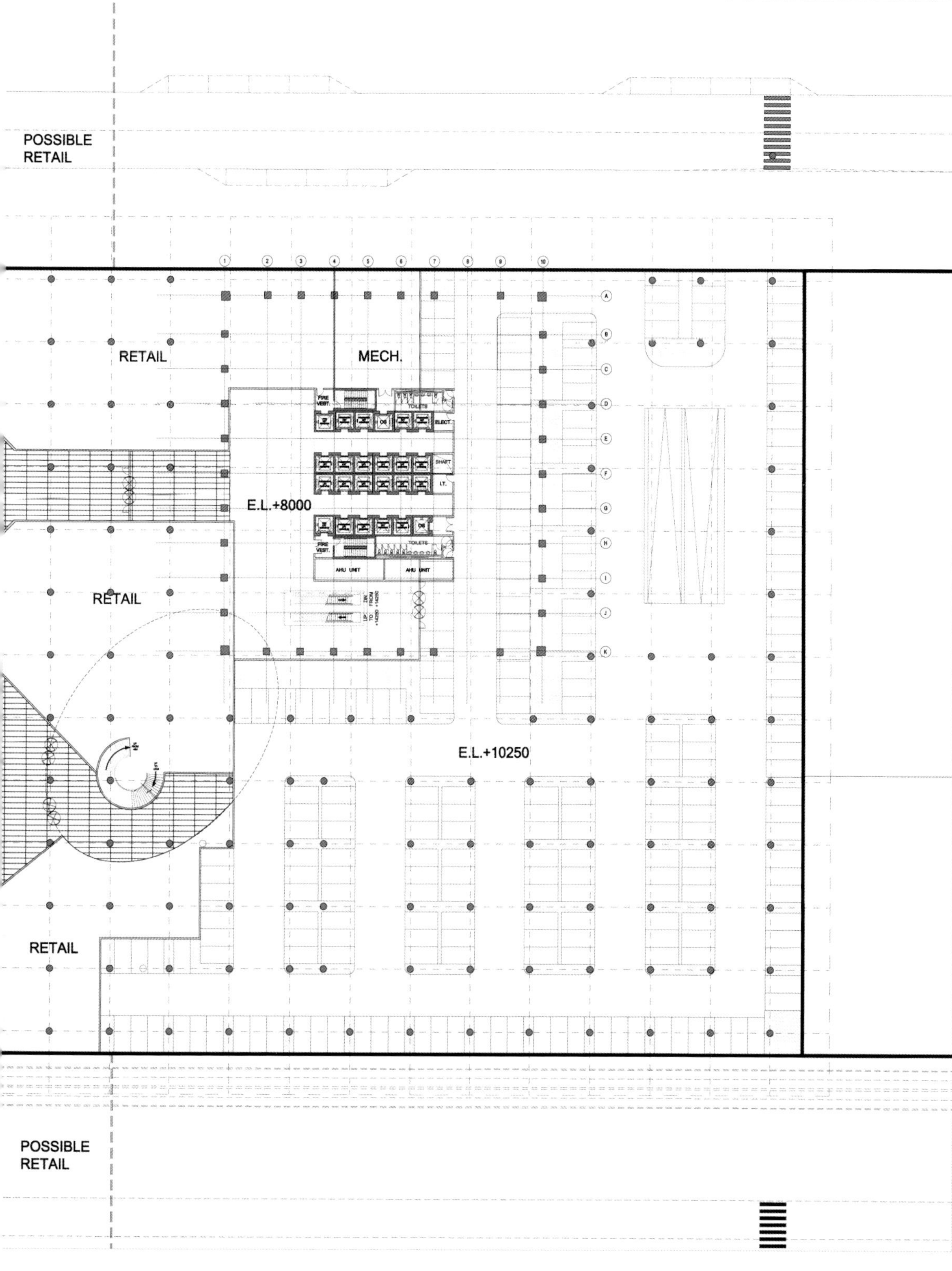
POSSIBLE
RETAIL
RETAIL
MECH.
E.L.+8000
RETAIL
E.L.+10250
RETAIL
POSSIBLE
RETAIL

下图：实景模型照片

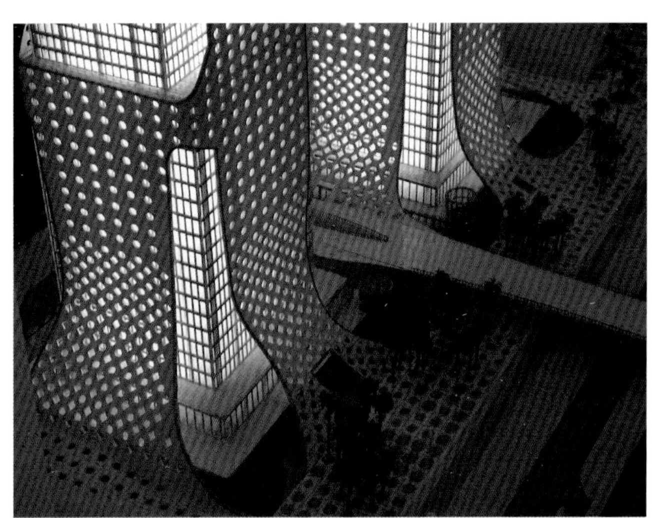

下图：多功能塔楼侧电梯平面图

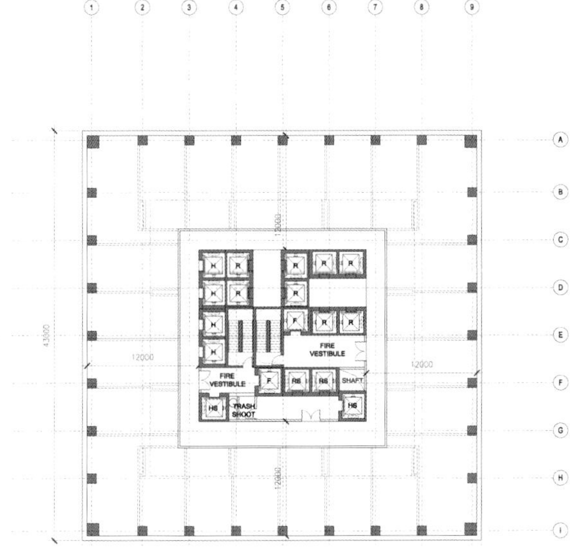

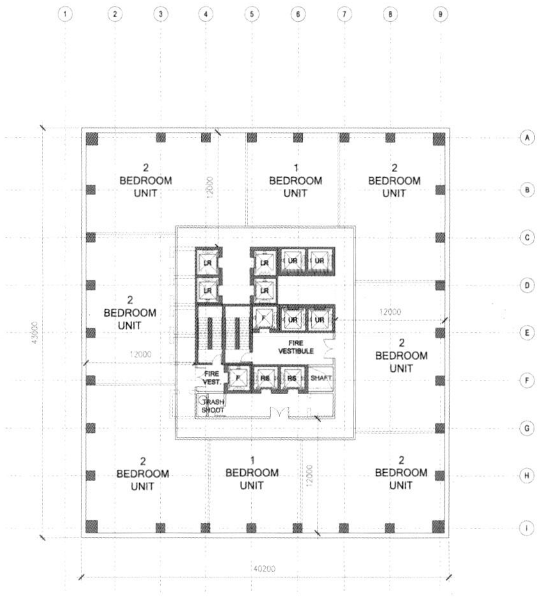

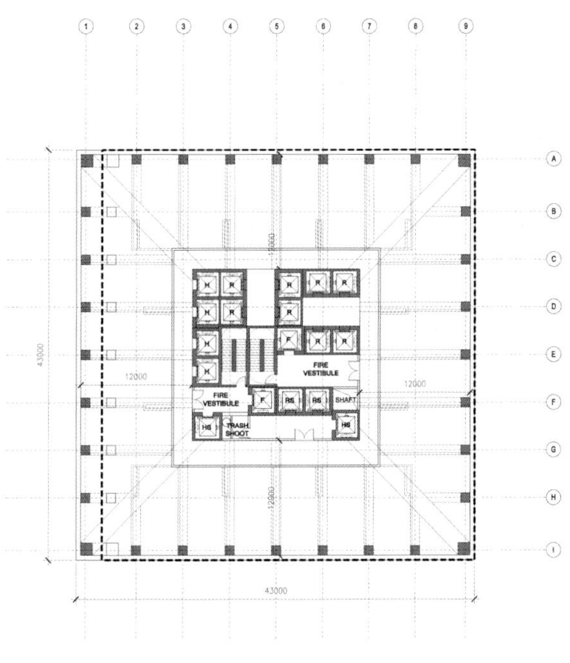

TRANSFER FLOOR
SCALE 1:200

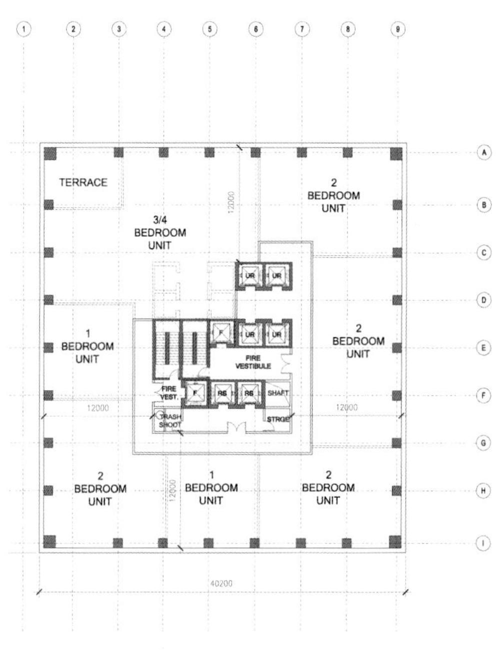

YPICAL UPPER RESIDENTIAL FLOORS
;CALE 1:200

Dong Chang Harbor

Expo 2010 Conference Center

Dongchang Harbor
Expo 2010 Conference Center

东昌港
2010世博会会议中心

左图：场地位置

前页摄影：Antoine Duhamel

下页摄影：Blackstation

右上：广场层 El. +7.500

右下：平台办公和停车层 El. +000

项目的目标是打造一个“公司大使馆”，即公司办事处。每个公司都将拥有独立的个性办公场所。项目由七座24米高的办公场馆组成，之间设有地下通道，仿照了太阳系的排列方式。项目以广场为“重心”，将各个力量联合起来，突出了各个建筑的场所感。项目的地表和地下办公空间交织起来，让人忘记了自己置身于地下。中央广场后来被设计成了2010世博会的会议中心。（项目始于2002年，于2004年完工）

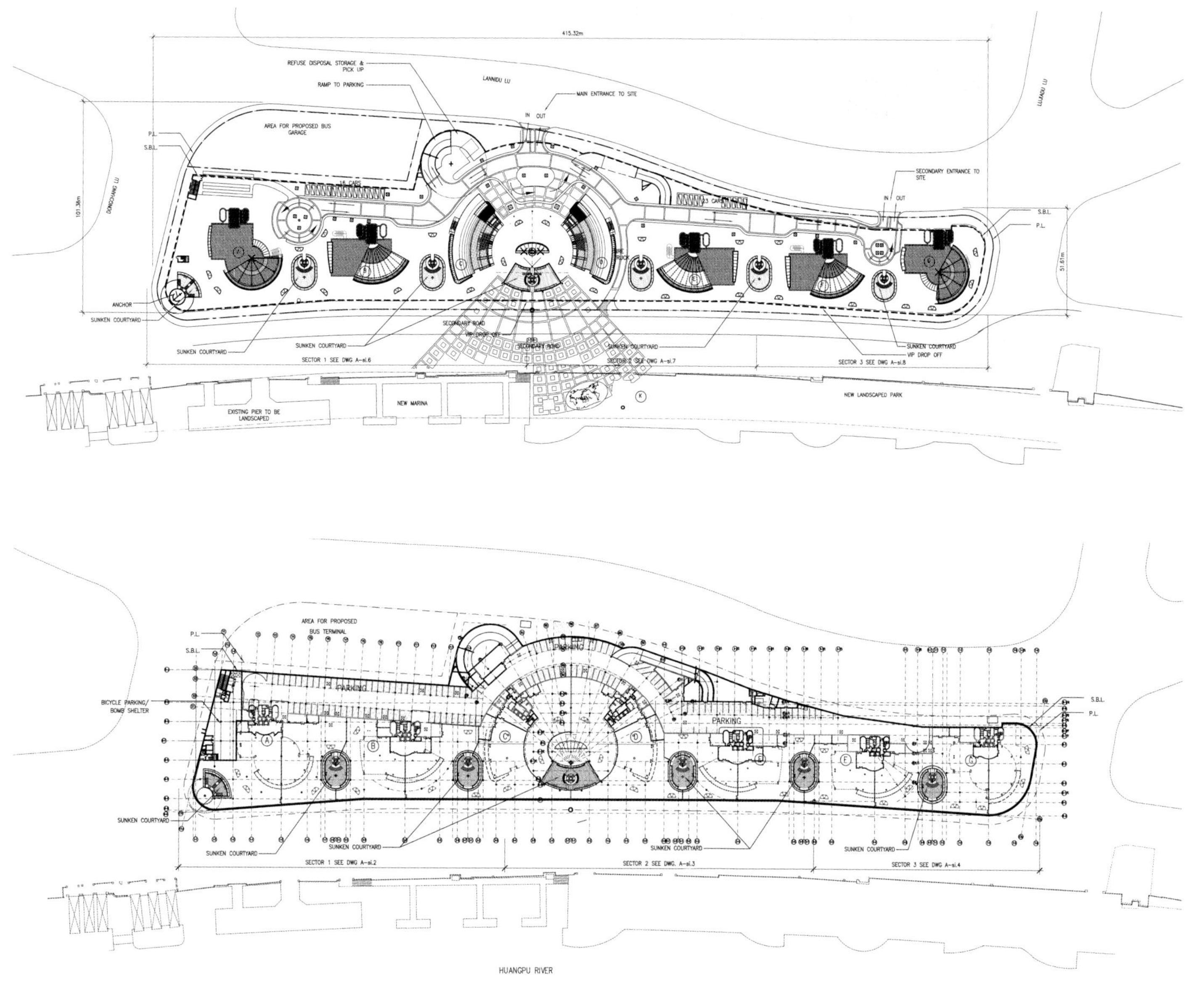

左上：从中央广场向北看

左下和右图：两楼之间的标准庭院

下图：2010世博会会议中心入口（2010年世博会后作为中国国家开发银行办公楼）

摄影：Antoine Duhamel

下图：2010世博会会议中心入口西北侧

摄影：Antoine Duhamel

上图：三维模型效果图

下图：2010世博会会议中心西侧

2010上海世博会会议中心

会议中心是东昌港项目的附加工程，由中央会议“水滴结构”（作为地上入口）和与两侧办公场馆相连的连接翼组成。应委托方要求,水滴结构是上海港国际客运中心观光候船楼的小型试验品。2010世博会结束后，该设施成为了中国国家开发银行的办公场所。（项目始于2004年，于2006年前后完工）

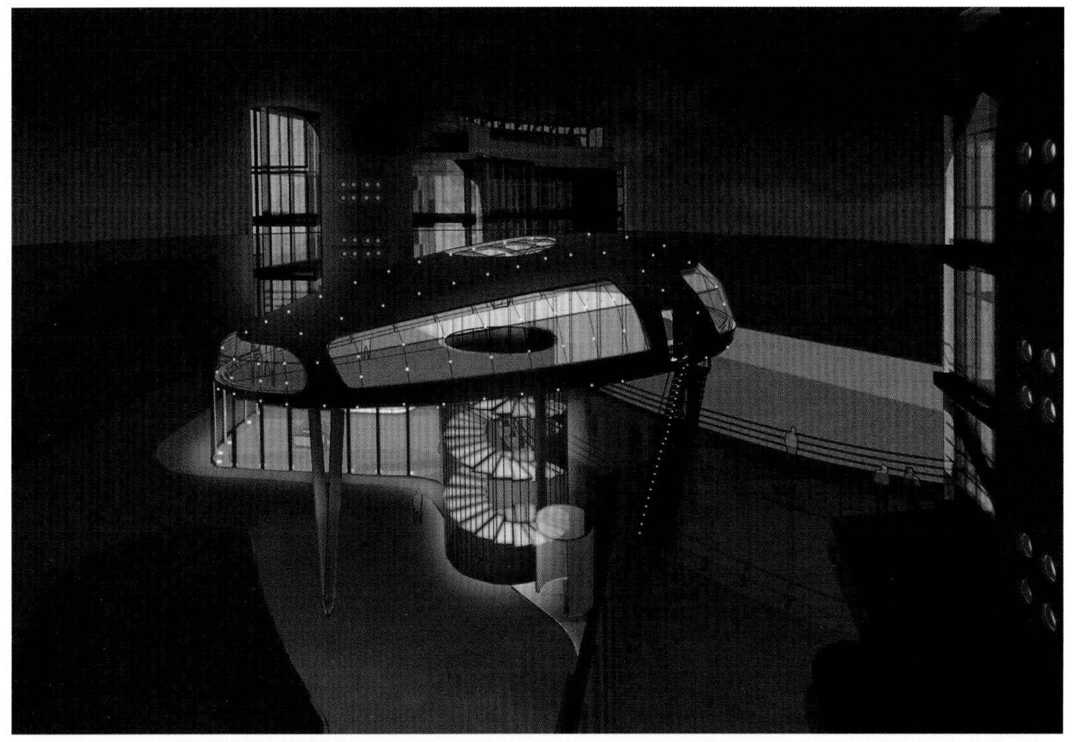

下图：会议中心内景

下图：会议中心的螺旋楼梯

Vienna Hotel Study

Vienna Hotel Study

维也纳酒店方案研究

在这个竞赛方案中，酒店的房间呈立方体造型排列，外面的建筑表皮则形成了多条流畅的布尔曲线，每条曲线都对应着城市环境，形成了拱廊、长廊等形态，作为虚拟表面，将下方的房间序列呈现出来。

在项目中，三维动画等模拟程序所形成的有机曲线和生态造型被聚合序列的有机雕刻方法所取代，形成了应对城市环境的独特有机造型。

建筑的整体造型表现了超现实主义风格的欧洲城市宫殿外墙，正如波德莱尔的诗歌《海角》和贾科梅蒂的诗歌《4点钟的宫殿》中所描绘的一样。项目是针对2013年末一次邀请式设计竞赛所提出的初步方案研究。

下图：靠近公园的项目场地

右图：建筑东南立面

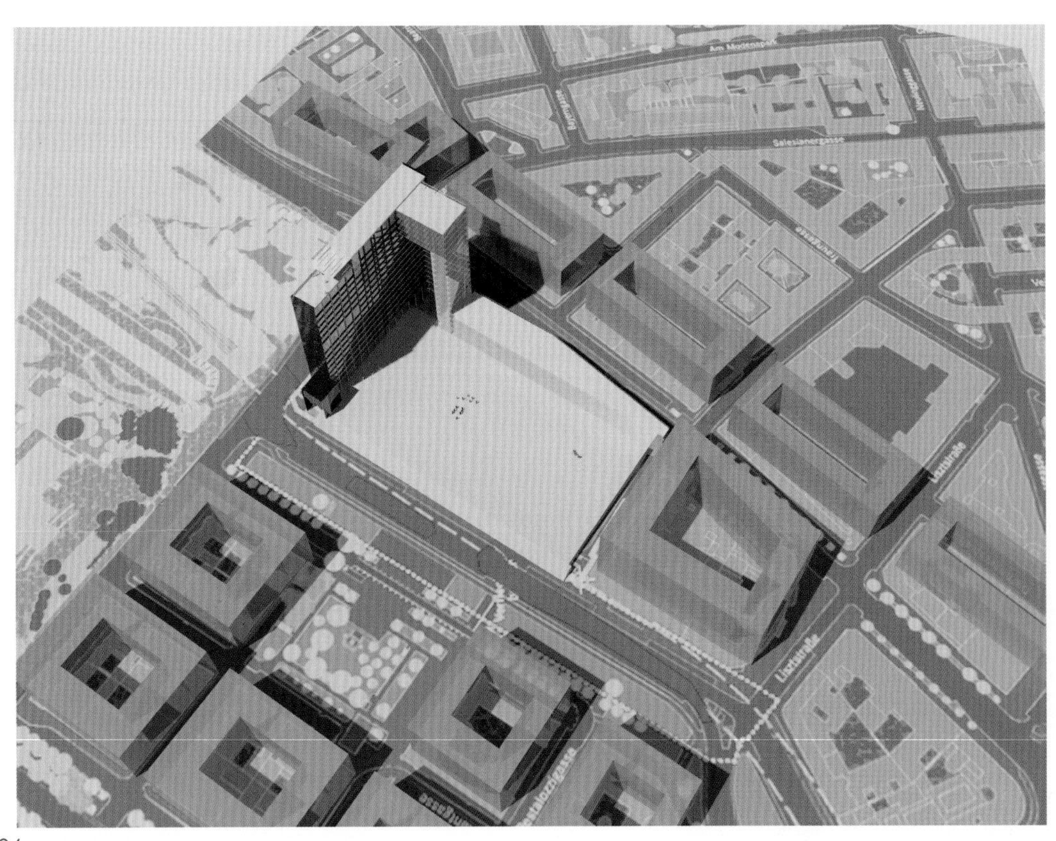

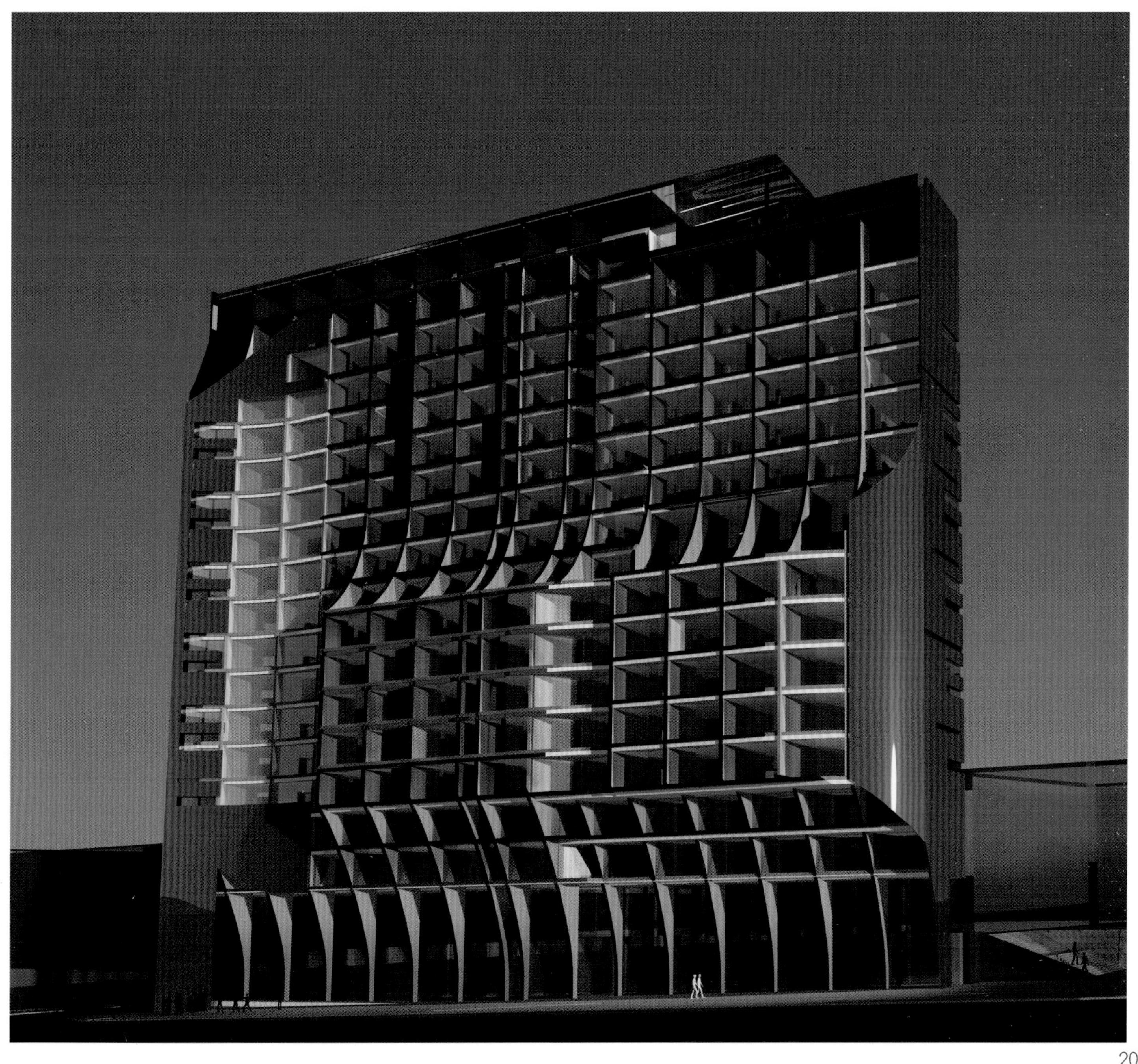

下图：三维网格上的布尔曲线

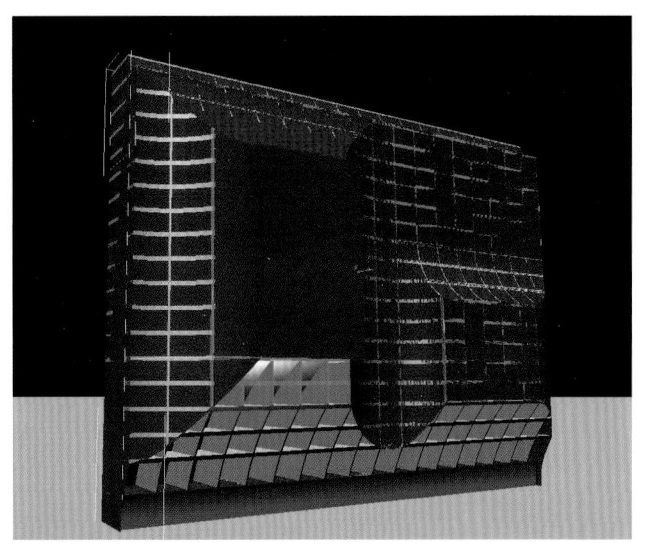

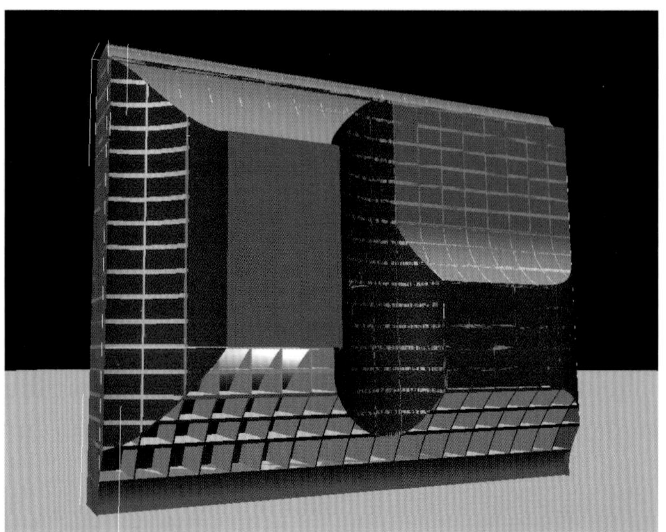

下图：从布尔运算中提取空间结构

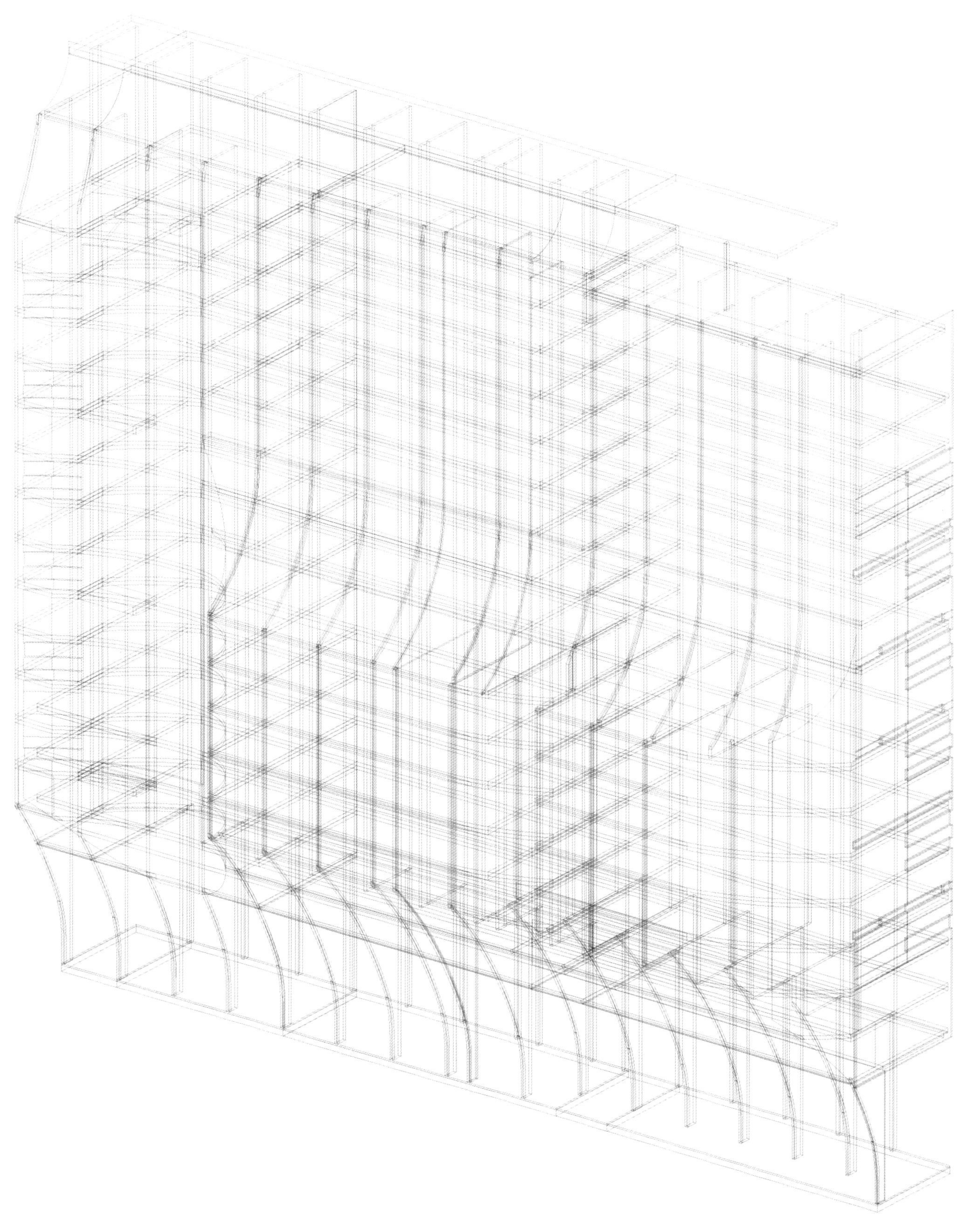

下图：立面开发研究

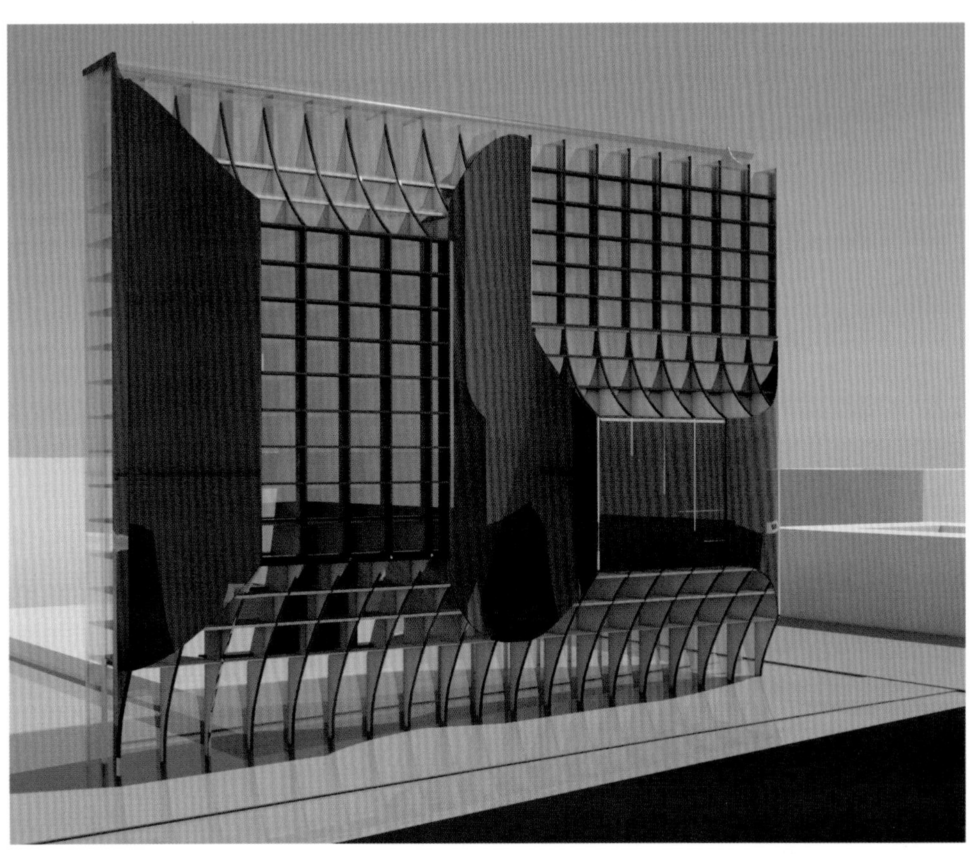

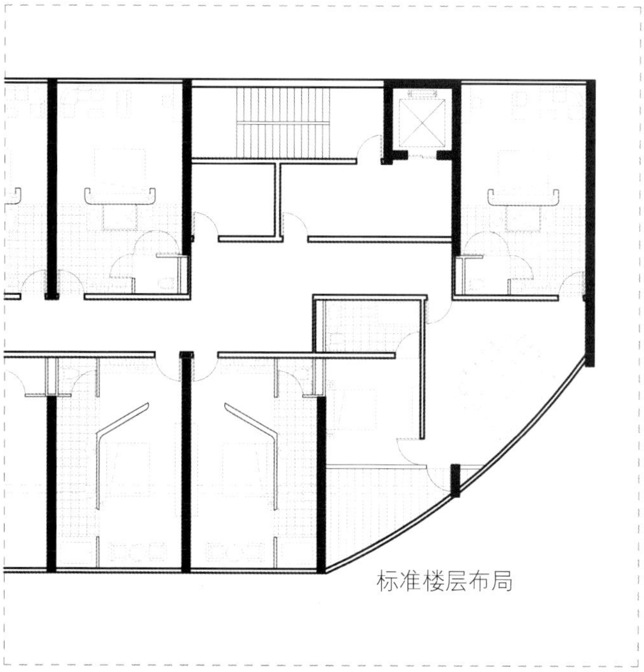

标准楼层布局

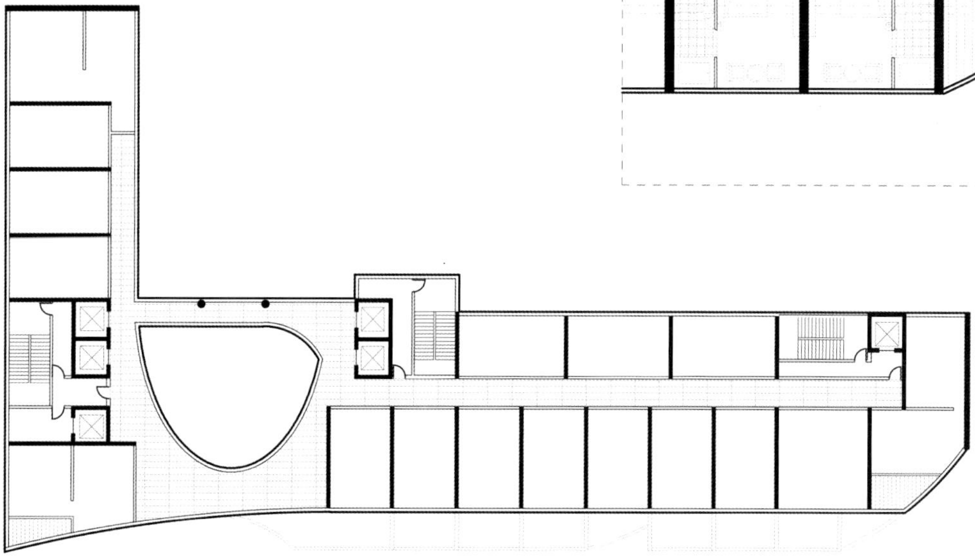

上层平面图

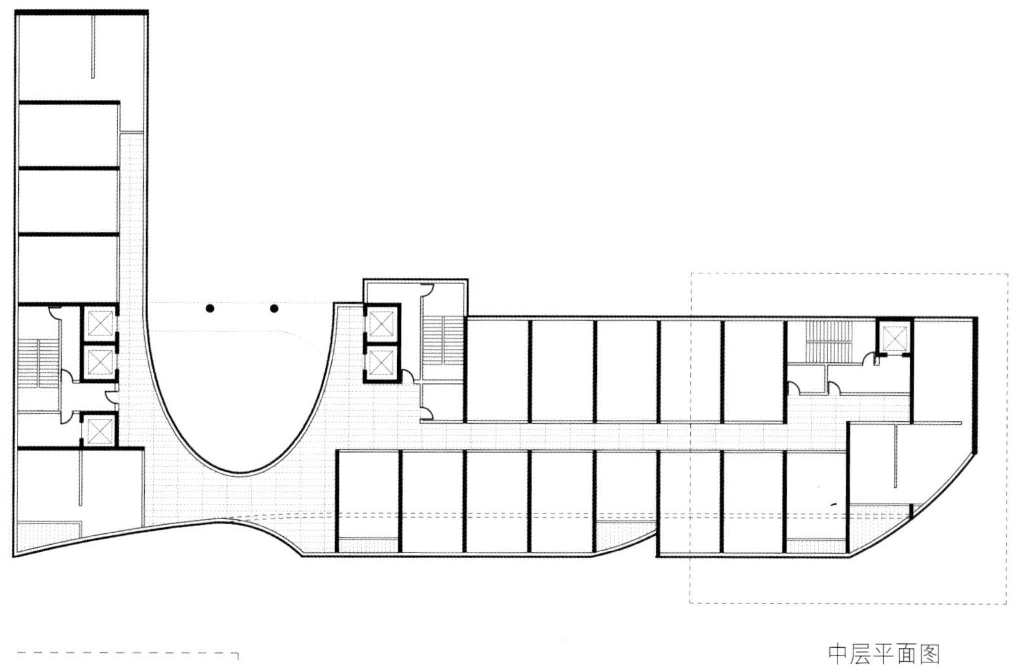

中层平面图

Qingdao Sichuan Road Triangle Hotel/Office Complex

青岛四川路三角酒店办公综合体

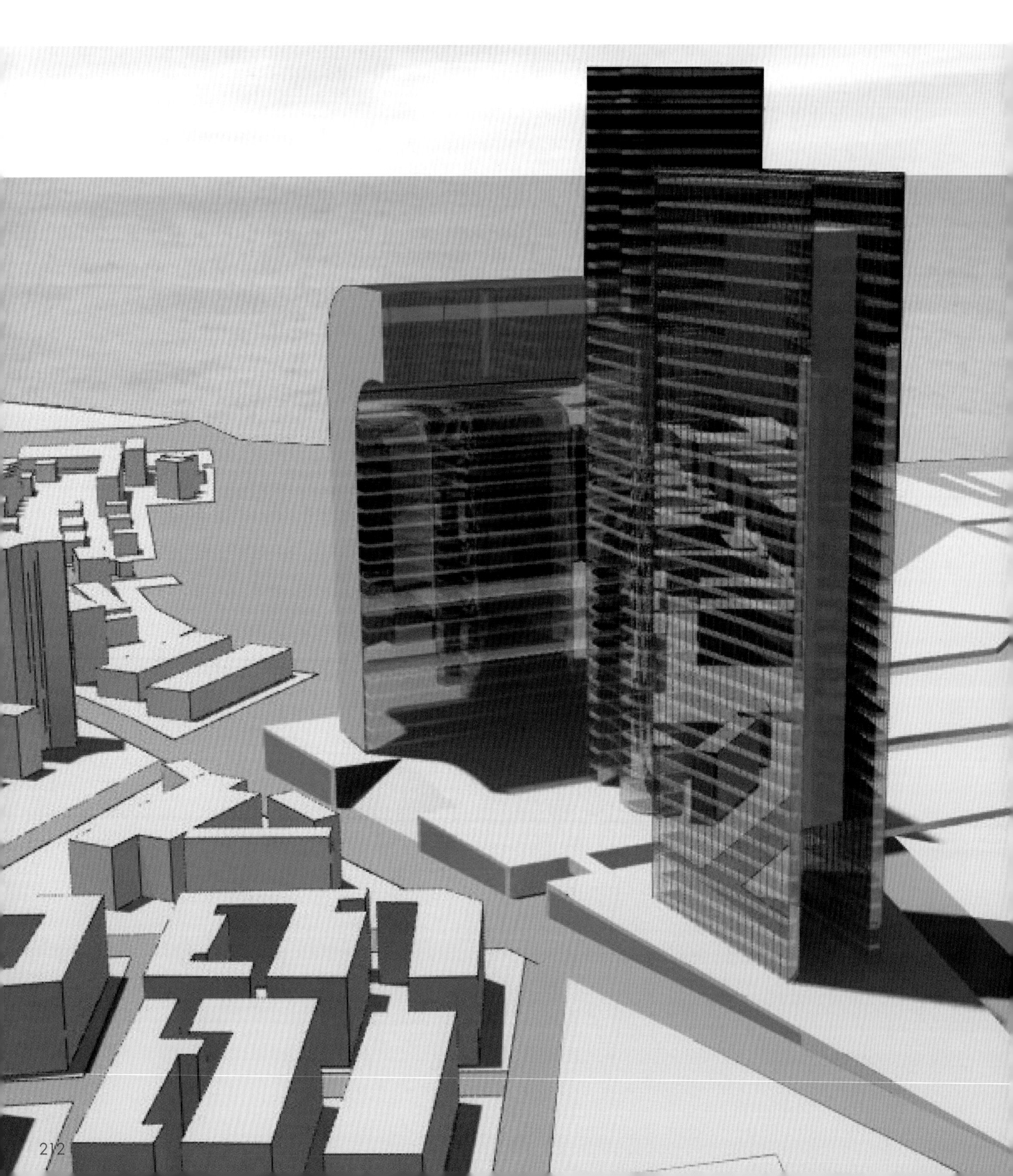

左图：建筑南侧

下图：场地位置规划

这个位于青岛四川路上的商业开发项目在2009年进行了方案研究，但是由于产权变更，项目并没有继续下去。最初，项目场地设在一个三角形地块上，由一座“潜望镜”造型的酒店和两座下层是零售空间的办公楼组成。

项目对建筑在白天和黑夜的形象进行了研究。许多建筑的建筑特色只在白天体现，夜晚即使是添加了灯光秀也缺乏足够的辨识度。

酒店的设计即使在夜晚也具有极高的辨识度。酒店顶部的潜望镜结构内设置着健身房、酒吧等公共空间，外面设有一个日夜不息的投影显示屏。建筑的下方则采用了中性化的网格立面，保持了建筑24小时内形象的连续性。

酒店还可以设在一座楔形塔楼中。楼内贯穿拱廊的设计可以实现客房类型的多样化，同时还能保证建筑拥有一个复杂而紧凑的内核。

下图：规划研究

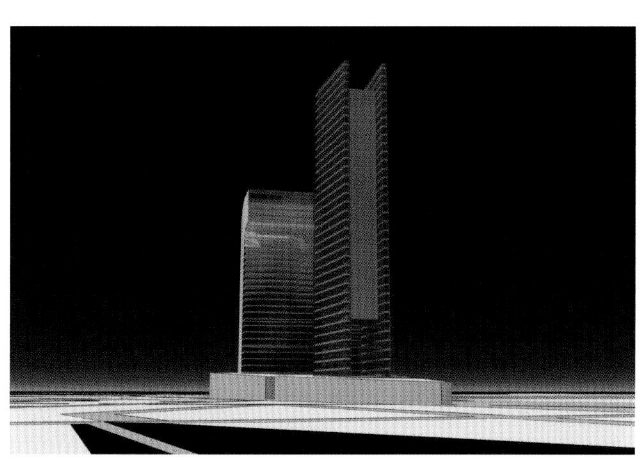
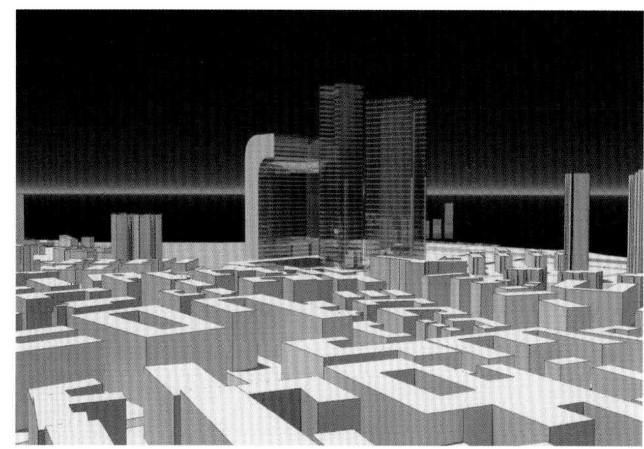
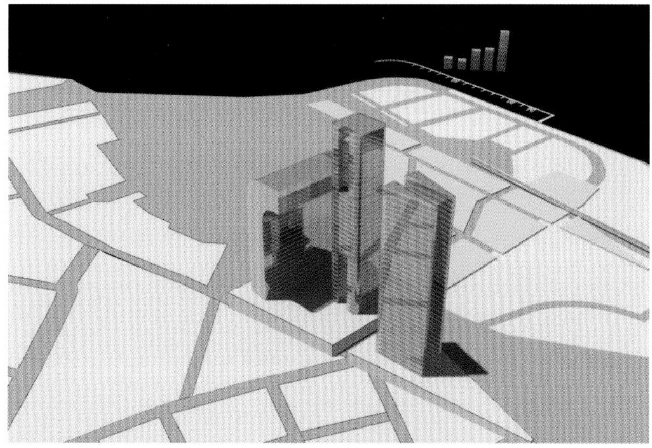
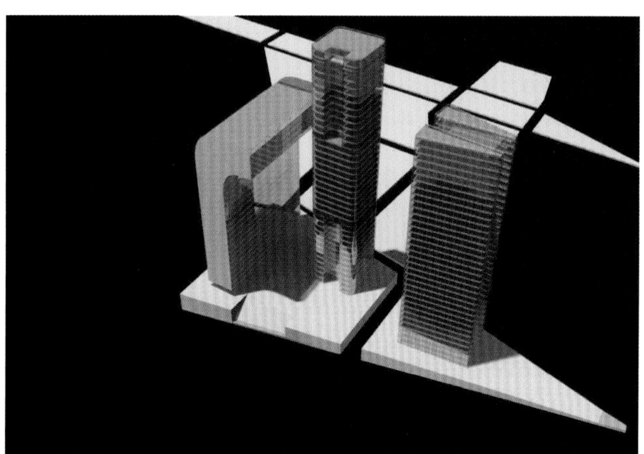
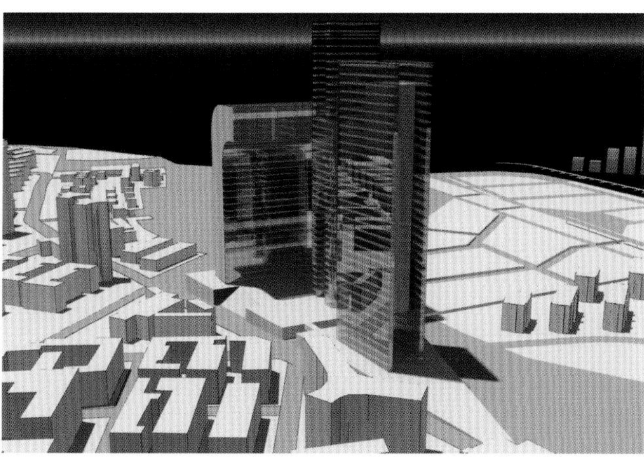
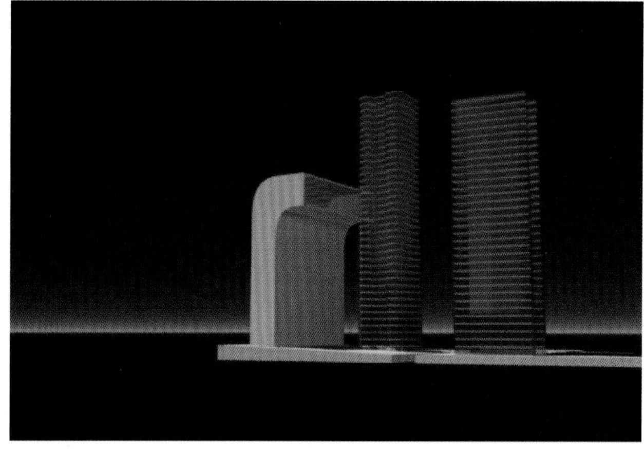

下图：立面研究

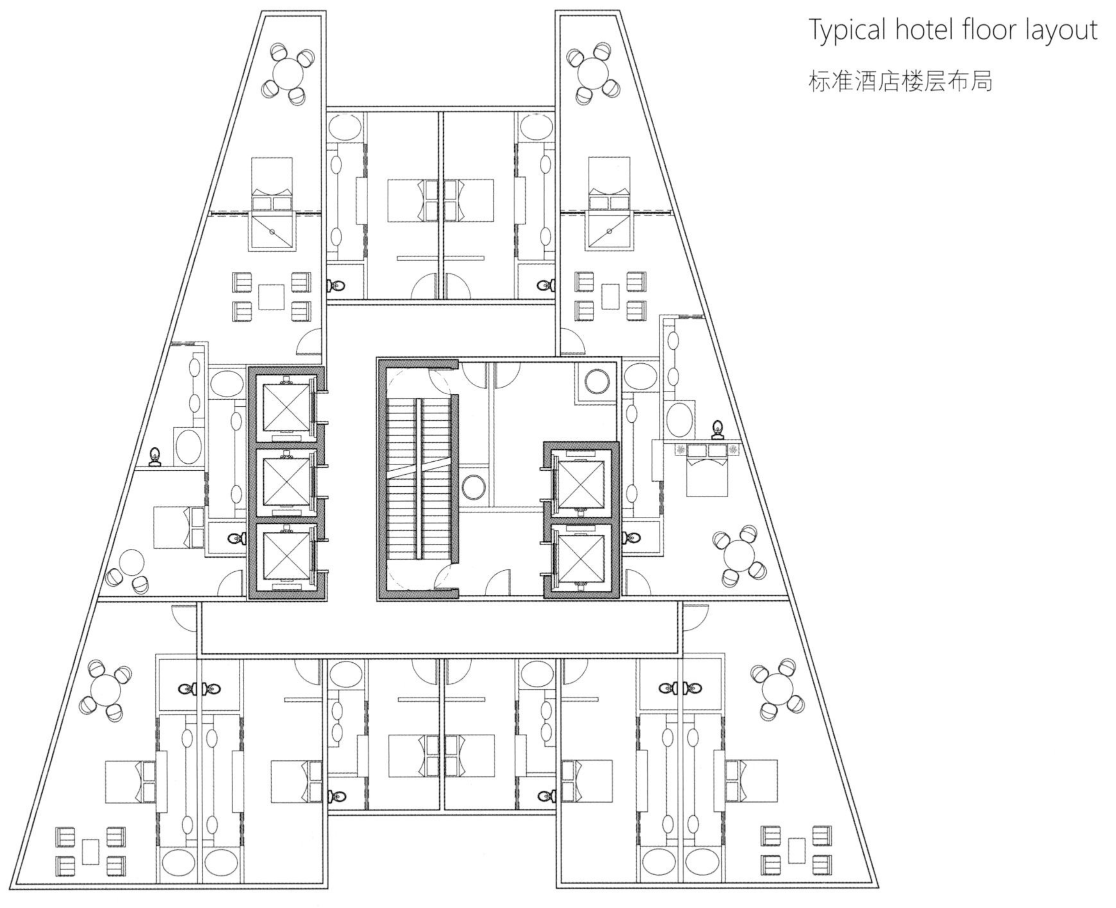

Typical hotel floor layout

标准酒店楼层布局

下图：立面研究

Huishan
Marina Atrium Building

Huishan Marina Atrium Building

汇山码头中庭楼

码头中庭楼位于黄浦江北岸的汇山码头，距离上海港客运中心码头约1500米，以硬朗的立面线条来应对复杂的城市环境。西侧的阶梯式设计被打造成了类似钢琴键的立面；北侧的一对赤褐色塔楼中央夹着一座玻璃鸟笼似的中庭；东侧的廊柱立面与码头平行。码头上方是停车场和零售平台，属于该地区总体规划的一部分。

建筑南侧的简洁立面突出了黄浦江的景色，而建筑的立柱则正好立在新码头的水池中，在建筑南侧形成了一个半圆形的半岛。

建筑采用赤陶砖石结构突出了现代感，并在立面设计上呼应了四周的城市华景。建筑本身就是一座微观城市。（建筑于2012年完工，2013年室内设计进行中）

上页摄影：Blackstation　　　　下图和左图：施工照片

下图：码头层平面图

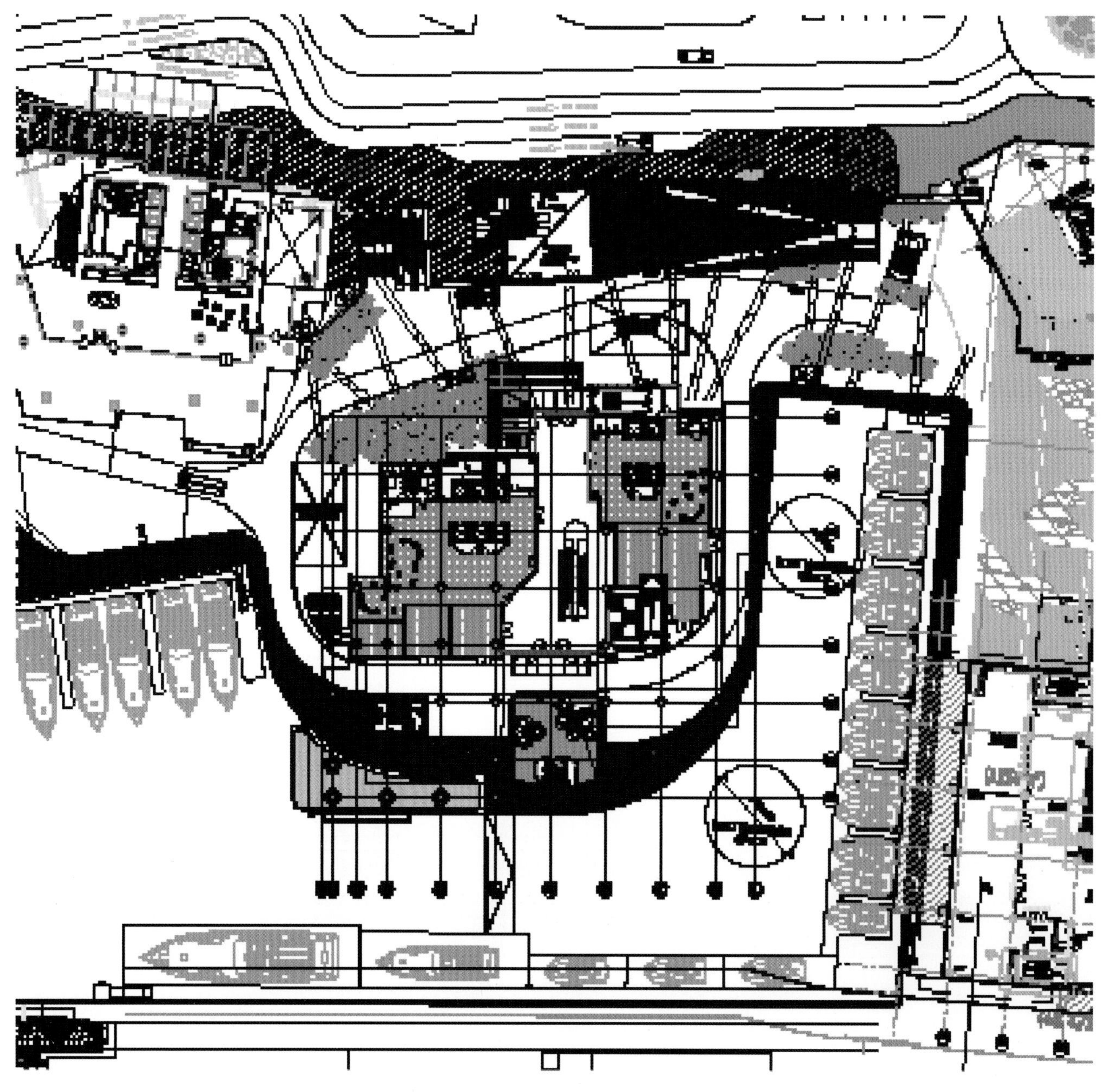

上图：标准楼层平面图

下图：剖面图

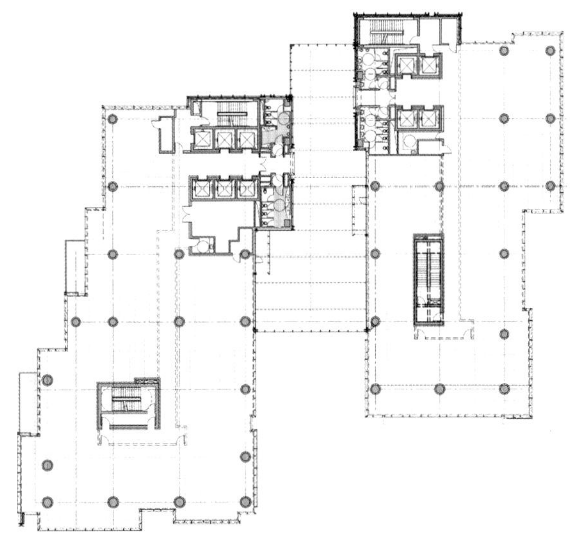

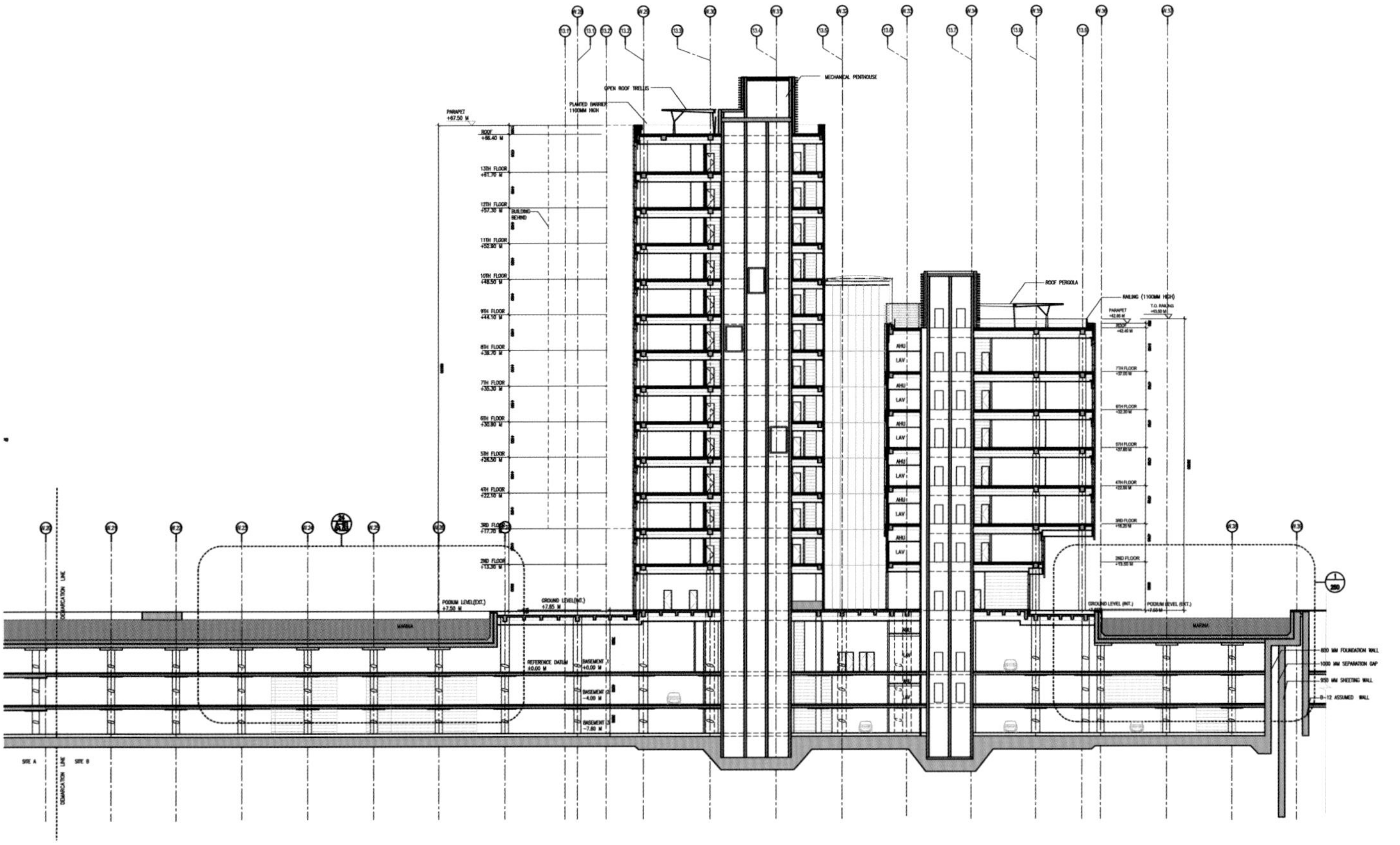

下图：从广场层看西立面

下图和左图：北立面施工照片

下图：入口天篷效果图

下图和左图：北立面施工照片

下图：庭院施工照片

上图：庭院平面图

下图：庭院效果图

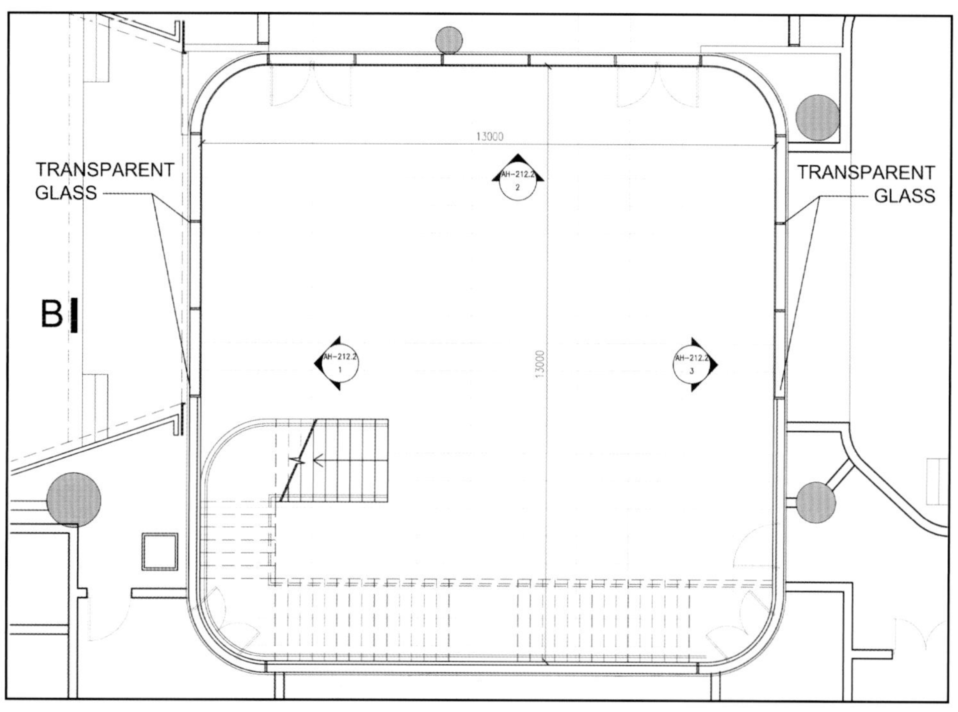

Huishan Shanghai Shipping Exchange Annex

Huishan Shanghai Shipping Exchange Annex

汇山上海航运交易所副楼

建筑与旁边的码头中庭楼一样，都以中庭为特色。由于设计的中庭高度限制设在24米，因此只能在横向拉伸。建筑的北侧与大名路的微弧形路面对应，设计了一个弧形廊厅和大门。

建筑由平台上方开始变化，从赤褐色的街面结构转变为玻璃廊桥立面，朝向南侧的广场和浩瀚的黄浦江。建筑平台下方的三层结构内设置着服务设施和停车设施，其规模基本与上层结构相同。（设计已被采纳，于2013年末开始施工）

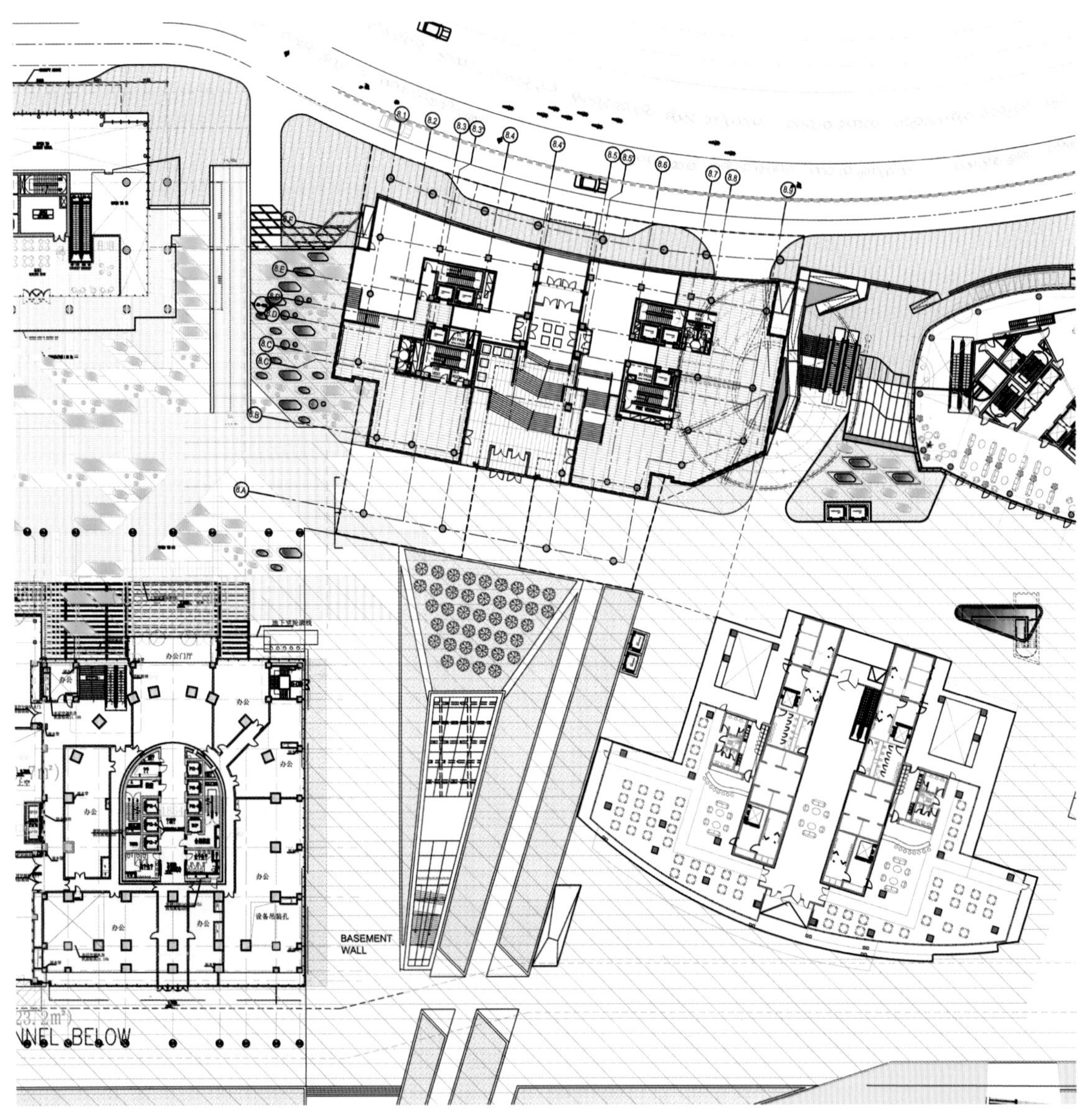

左图：广场层平面图 El. +7.500

下图：从东侧俯瞰平台

Shanghai Premier Theatre

上海首席影城

汇山码头开发工程原本计划建造一个拥有6~10个影厅的大型影城。影城建在滨水公园正门的下方，晚上将被点亮，成为“星光大道”。由于电影院的环境本身就十分昏暗，因此将影城建在地下也十分合适。

观众将由公园地面通过一个配有皮拉内西式自动扶梯和楼梯的露天光井进入地下影城。由于附近的内陆地区将建设一座地面影城，因此项目的设计被搁浅了。

下图：影城主大厅研究

下图：影城的三维模型效果图

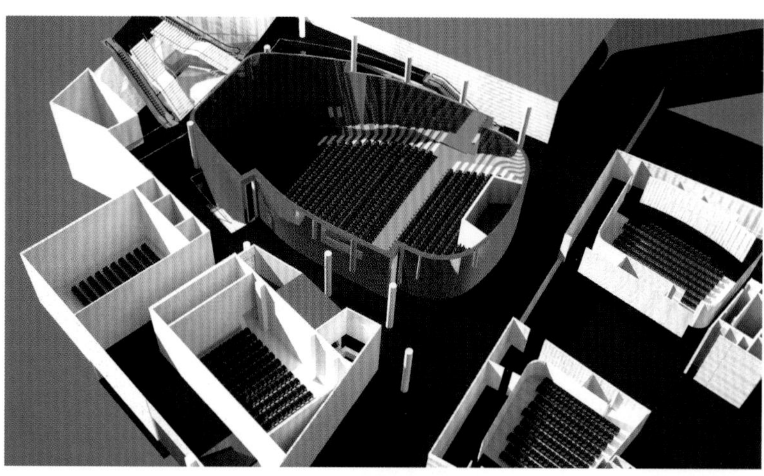

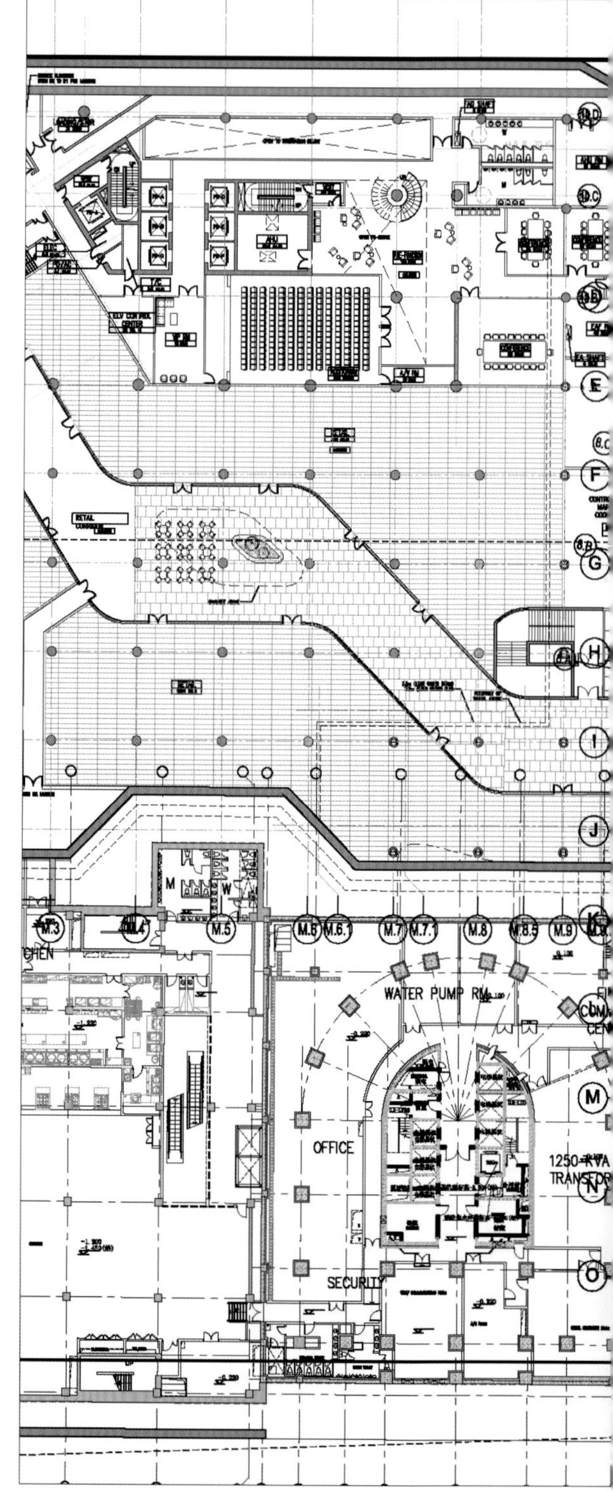

下图：影城大厅层 El. +000

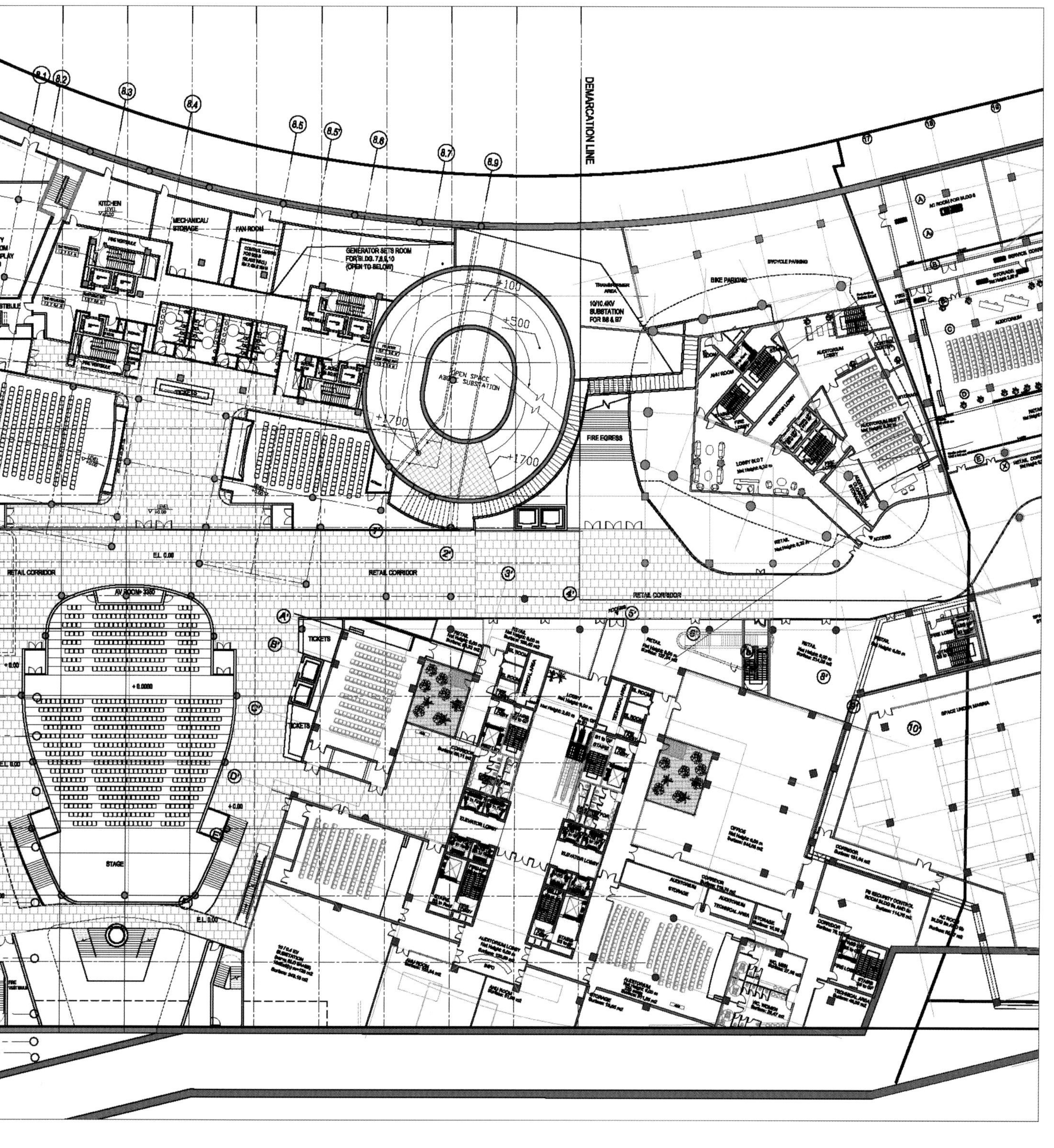

Silk Road Hotel Study

Silk Road Hotel Study

丝绸之路酒店方案研究

这个总体规划方案位于中国中部一个未明确的地点，其目标是用一个城市广场来突出城市特色，通过四通八达的街道将城市的各个部分连接起来。而城市中的每个部分都拥有独特的个性。

在这种意义上，城市设计与室内设计有许多共同之处，二者都需要将公共空间与私人空间结合起来，反而与“标志性建筑”的建造大不相同。城市并不是物体：它们是在心理上形成的地理位置，在这一点上，室内设计师或许比建筑师更加清楚。

在总体规划中，大型精品酒店的客房数约为200间，我们对此做出了几种方案。

在第一个设计方案中，标准层采用简单的正方形，外层采用平移2米的六边形超白玻璃，以平螺旋线围绕西、南两个立面。外立面上的两条对角切口将形成垂直的空中花园，用作餐厅、水疗馆和特殊套房。酒店造型融合了隐秘和暴露。

第二个设计方案以莫比斯环为基础，以矩形带状结构环绕塔楼。塔楼下方悬浮于广场之上，形成建筑入口。

尽管莫比斯环的边缘如果不自交就不能围合在墙体之中，电梯井等附加元素能够增加必要的边缘，从而中断莫比斯环的自交，从而实现完整的建筑表面。

（方案研究时间：2013年）

下图：总平面图

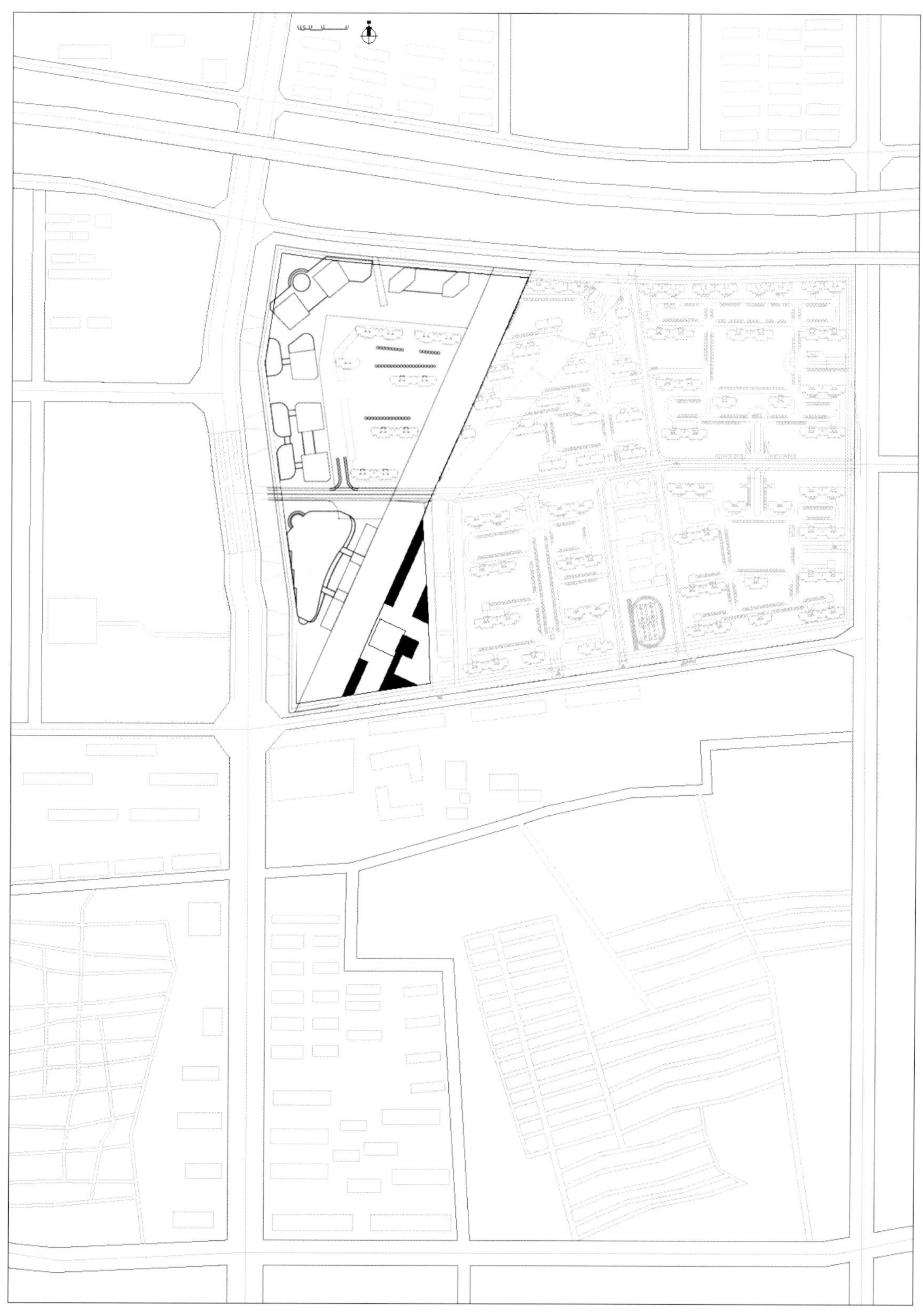

下图：概念研究

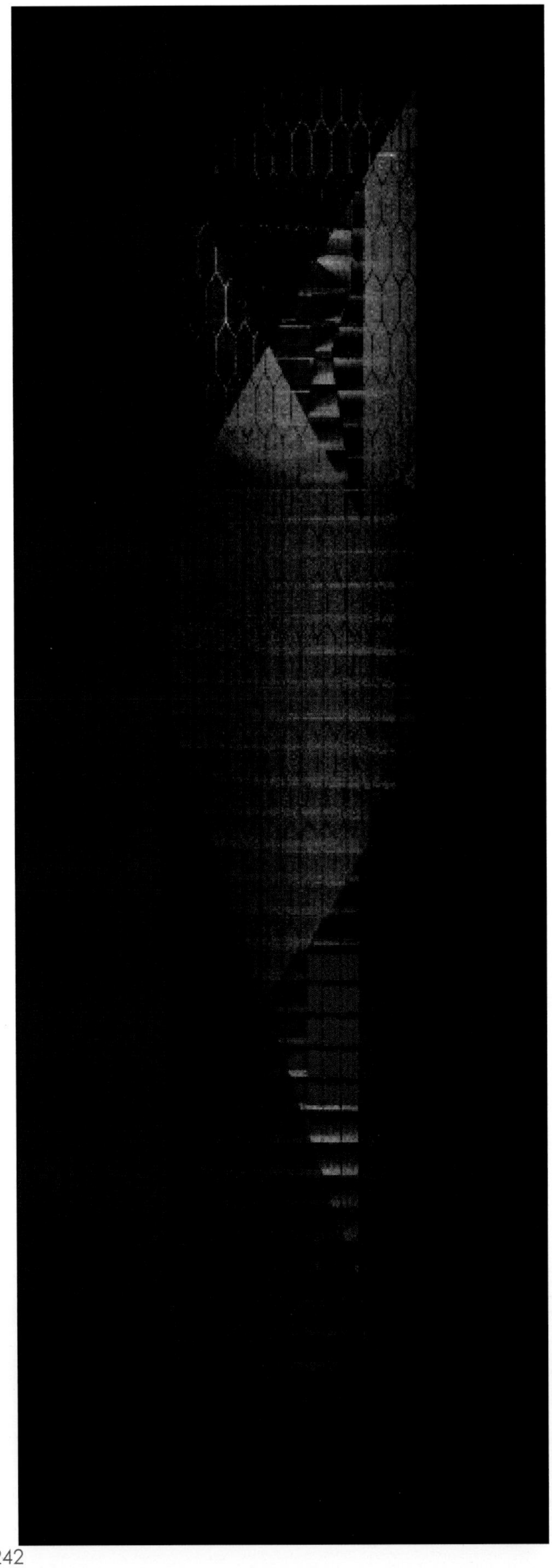

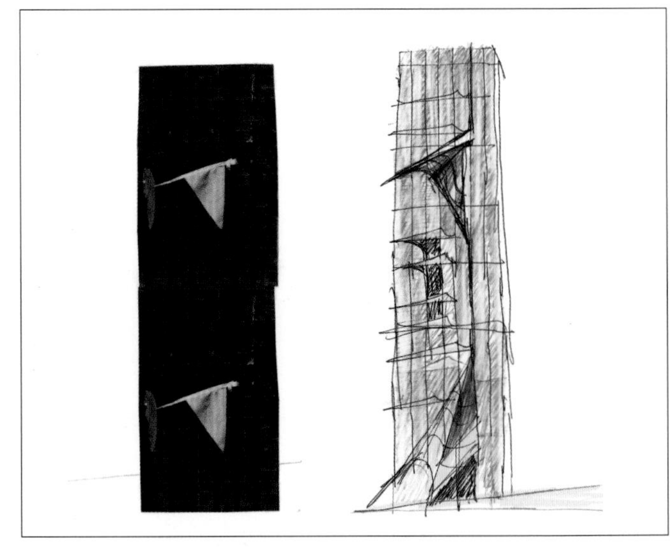

下图：概念草图模型

下图：塔楼图纸

右图：三维模型效果图

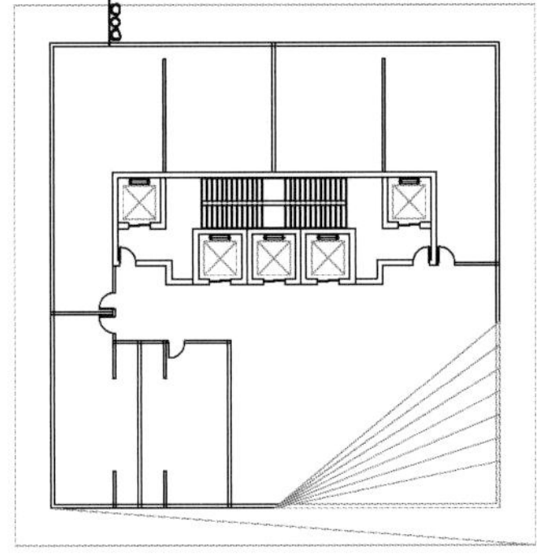

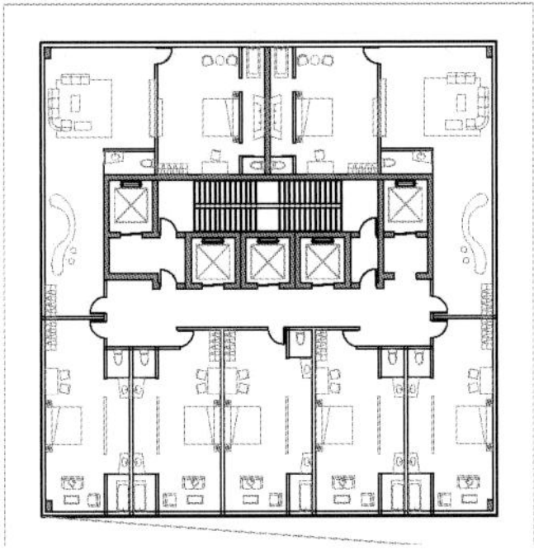

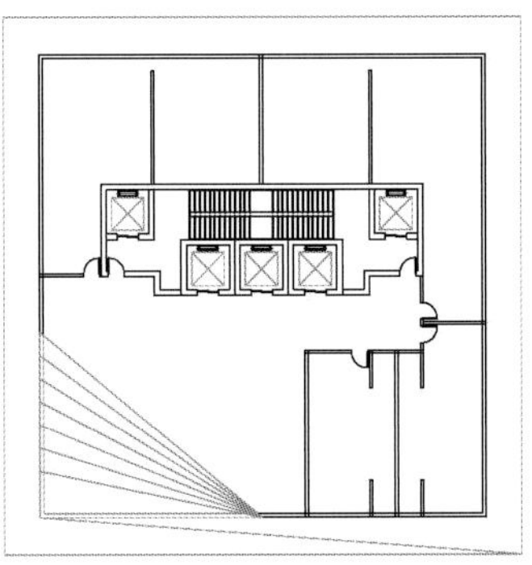

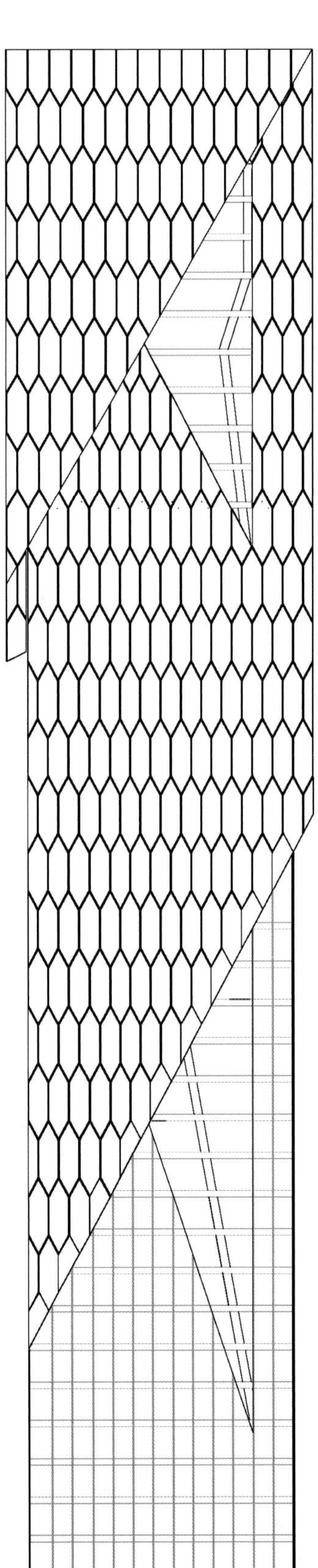

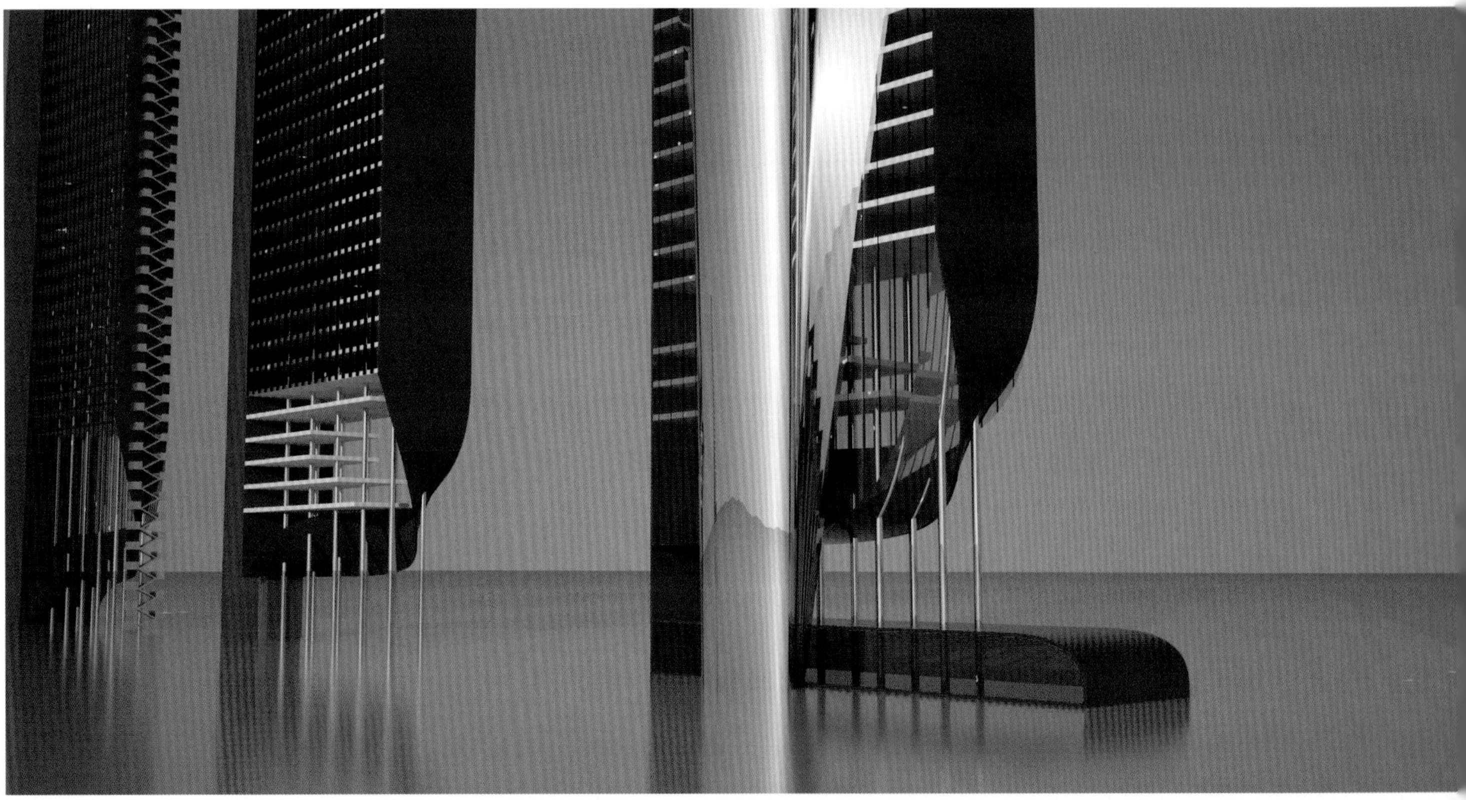

左图：莫比斯环方形塔楼

下图：入口广场的变形

莫比斯塔楼

为了使塔楼悬浮于广场之上，建筑以矩形莫比斯环为结构基础。尽管玻璃表面在三维空间的莫比斯环中不能闭合，电梯井等附加元素将制造出使玻璃表面闭合的边缘。

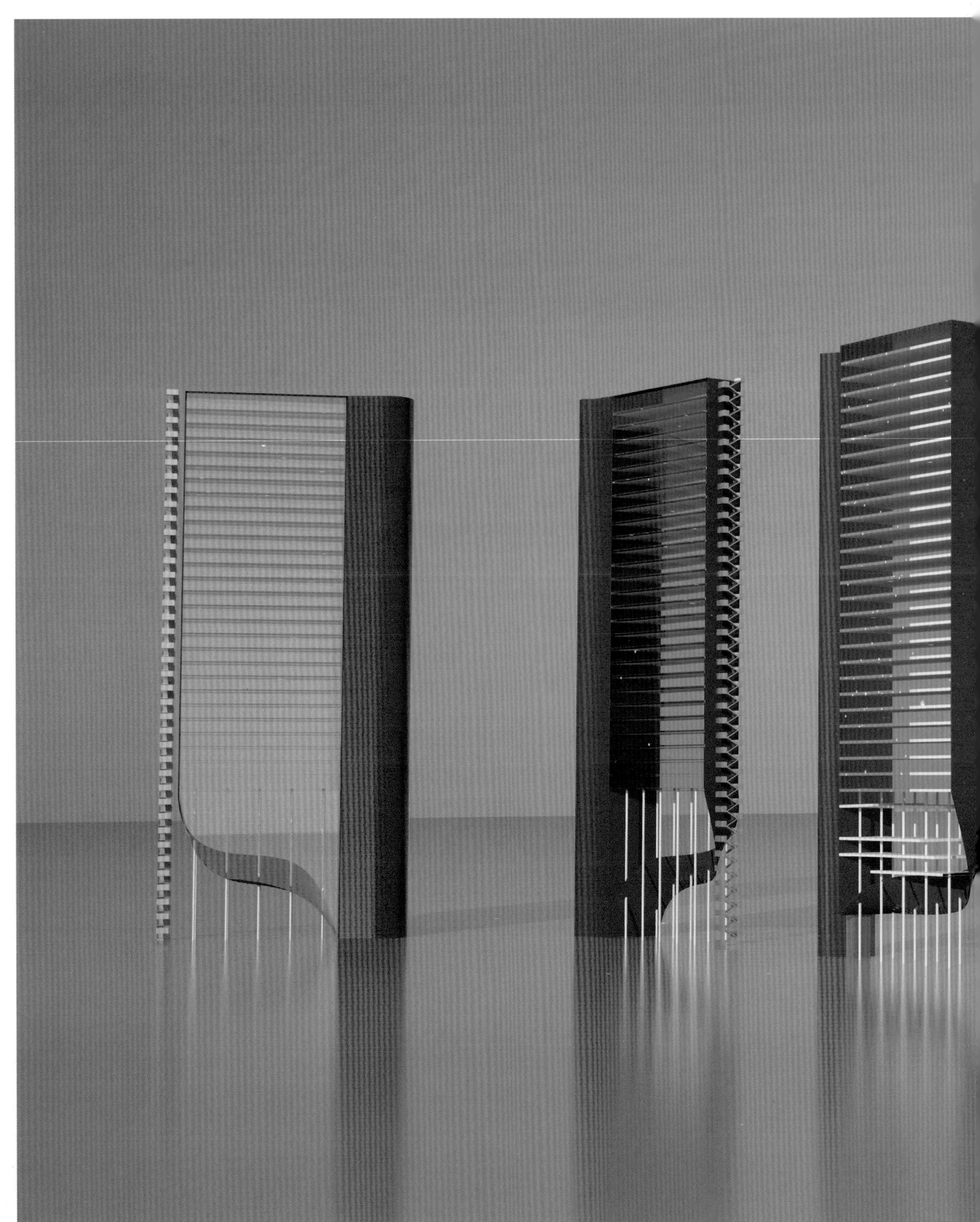

左图和下图：不同的内核研究

Island Resort near Ningbo

近宁波小岛度假村

This study for an island resort south of Shanghai focused on echoing the natural mountainous terrain of the island while meeting the relatively high density of development for two midrise hotels and a condominium along with a cruise terminal and entertainment facilities.

The wavelike form of the towers links the forms of sea waves with the sharper form of the hills behind. The tower podia contain private terraced units and a pool winding around the units, which gives the illusion that the units are floating in a larger lake. (Study, 2011)

这个上海南部小岛度假村的方案重点在于呼应岛上自然山脉景观以及建设一个相对密度较大开发项目。项目由两座中等高度的酒店、一座公寓楼、一个邮轮码头和若干娱乐设施组成。

波浪造型的建筑将后方陡峭的高山与海浪连接起来。建筑的底座内设有私人露台客房和环绕客房的水池，形成了一种客房漂浮在湖泊之中的错觉。（方案研究时间：2011年）

Urban Wetlands Master Plan

城市湿地总体规划

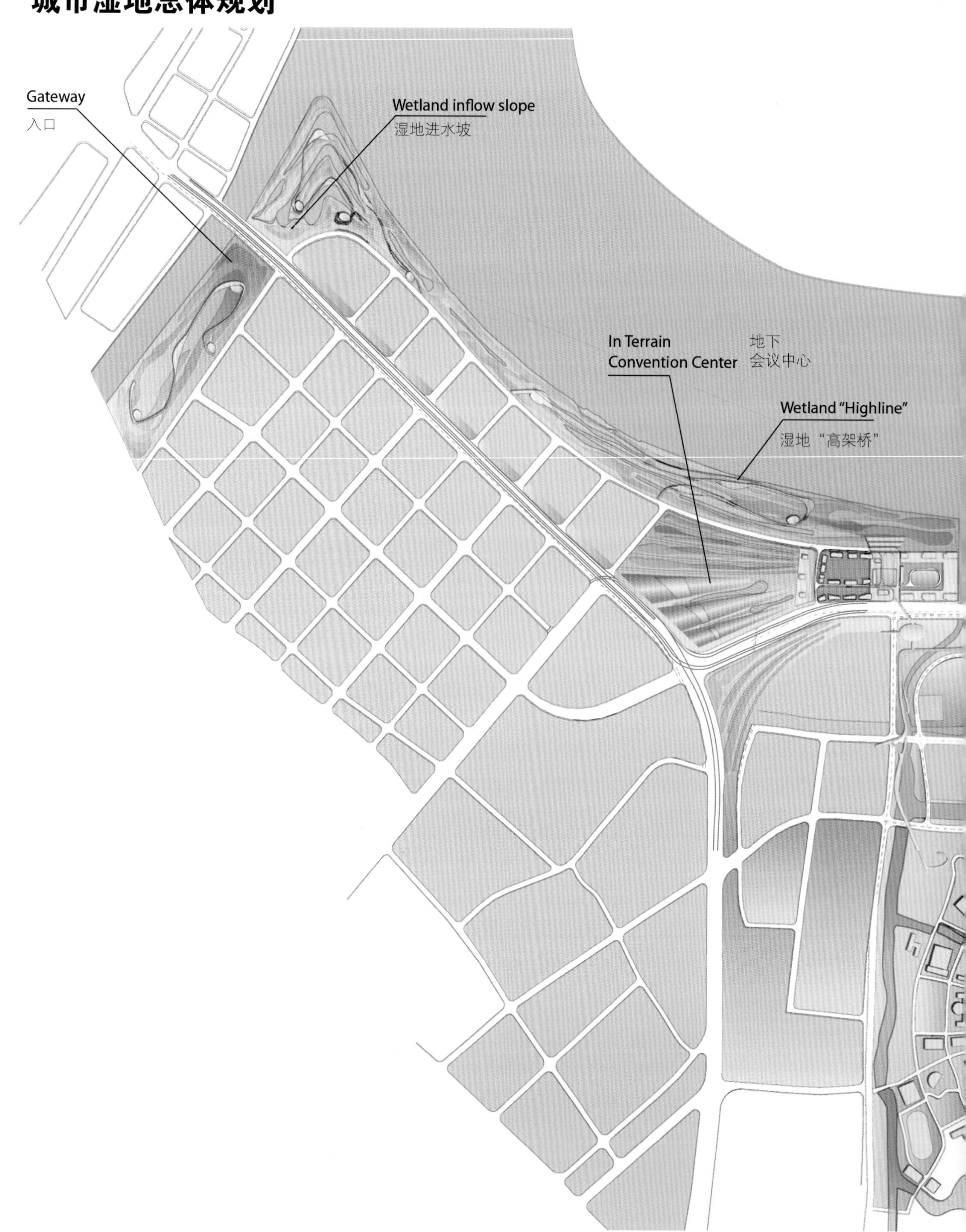

左图：大规模总平面图

下图：湿地高架桥的三维模型效果图研究

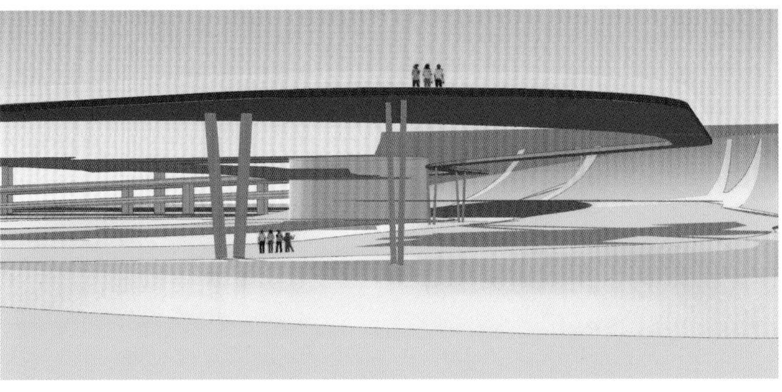

近年来，城市规划主要围绕着两个主题：加剧的城市化进程和气候变化所带来的水平面变化。

这个总体规划项目（已经获批，但是需要根据委托方的要求进行详细规划后再公开）围绕着综合开发项目和滨水湿地公园区的复兴而展开。项目场地靠近大学校园，正好将大学的活动与新开发的公共区域连接起来。

场地与河流之间隔着一条环形公路，但是可以通过步行高架桥穿过，使其与高架平台和5000米长的湿地公园步行桥连接起来。这一设计可以算是曼哈顿高架路公园的反向版本。

项目中的欧式城市街区像微型地壳板块一样浮在绿色湿地之中，通过空中步行桥与城市和公园相连。

（第一阶段总体规划于2012年获批，目前在方案研究中）

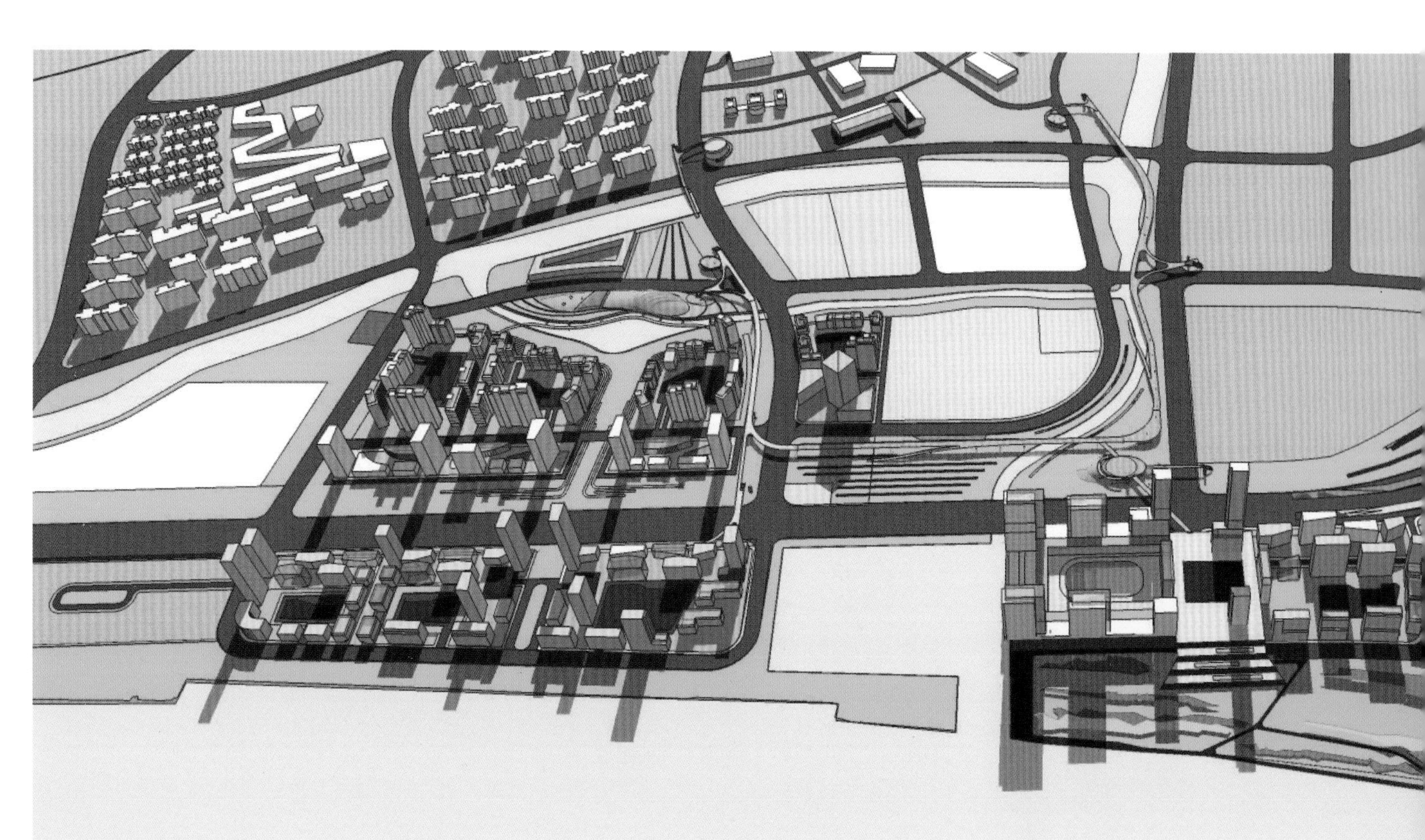

左图：环绕中央码头的多功能街区与地下会议中心

下图：学术研究楼

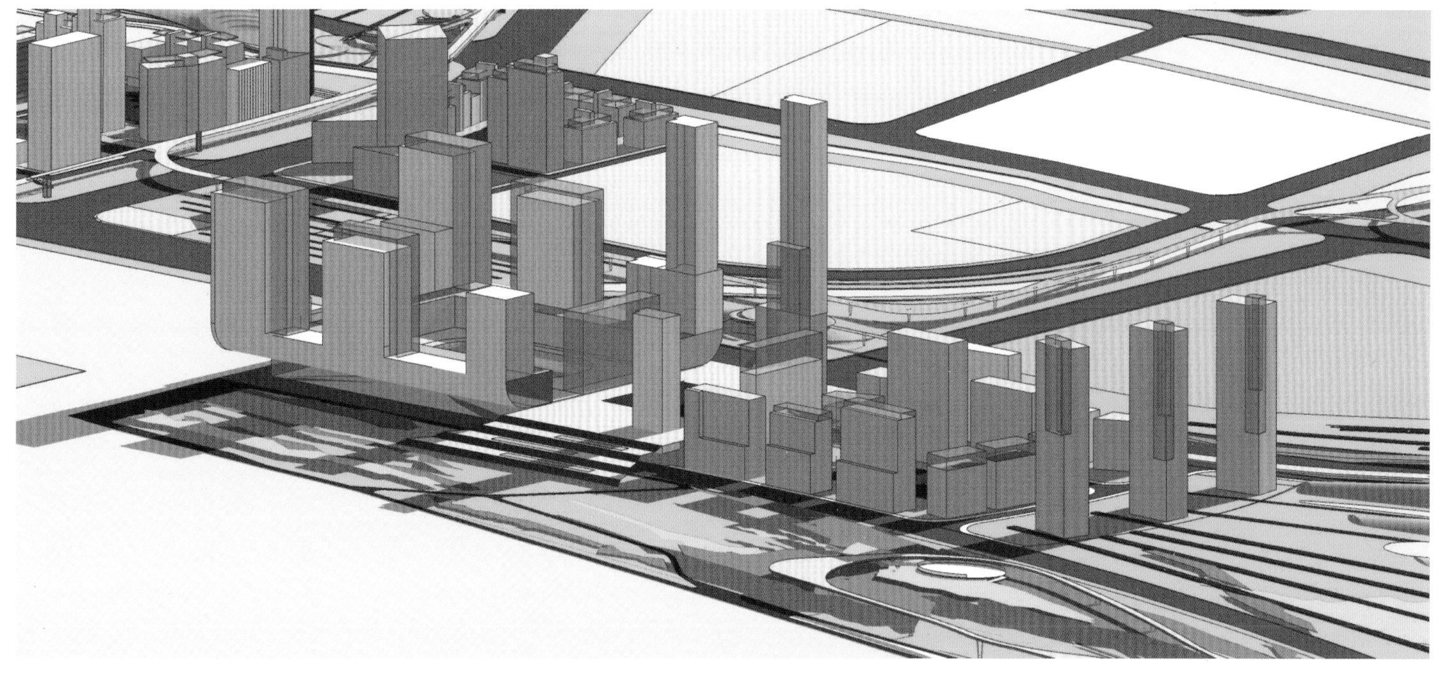

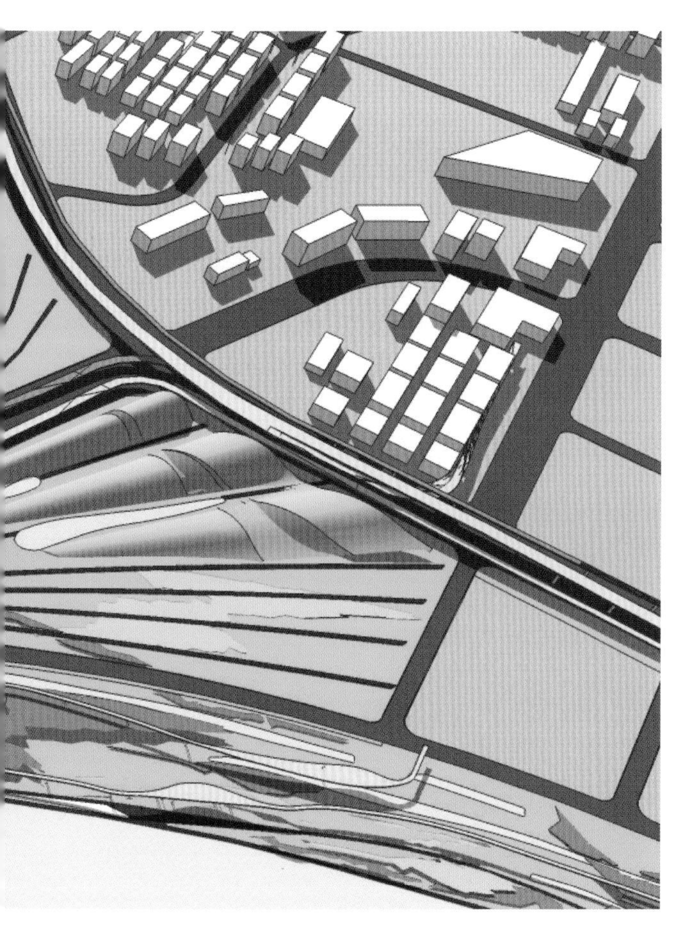

Appendices

附录

上海港国际客运中心码头研究
——材料来自2013年10月11日的瑞士洛桑市联邦理工学院举办的研讨会

历史

随着上海港逐渐将大型集装箱码头移出市中心，上海市城市规划部门开发了一个滨水公园项目，沿着黄浦江设计了一个大型绿化带，其中包含北岸靠近著名外滩景区的高阳路段旁的1000米路段。

与此同时，上海港务局（作为方兴地产在上海港国际客运中心码头项目中的合作伙伴）也于2004年计划在北外滩的同一地块上建造一个与市中心相连的邮轮码头，以重塑上海港的海港地位并将其打造成国际化邮轮港港口。虽然扬子江三角洲已经存在一个大型离岸邮轮码头，但是它距离市中心很远，对城市形象的塑造作用较弱。

最终两个部门达成了一致：将两个用途叠加在同一场地上，把码头建在公园下方。同时，这也提出了新的挑战：如何将地下码头打造成令人振奋的到达场所。

概念与规划

公园的地表是近900米长的绿地，它将上方的开放式公共职能与下方的可控式职能隔离开。地下码头的设计与机场类似，总面积60,000平方米，分为三层。在设计中，公园地表起到了媒介结构的作用，实现了垂直功能的相互渗透和相互独立，同时也保证了未来重新规划的灵活性。

设计将公园绿地上添加了一个类似于中式园林的步行桥。作为一个连续的整体，步行桥延伸在公园上方，集多种功能于一身：

- 通过拱起于公园之上，它借用了地表的高度和光线来打开地下空间
- 它是公园的入口之一
- 它的不对称造型将浦东的东方明珠塔、码头北侧在建的上海塔和码头连成一线，形

成了跨江的视觉连接效果

- 它作为充当着下方码头主要层的巨型天窗
- 它提供了一个欣赏浦东天际线的公共观光平台
- 它包含一个倾斜的露天剧场，可以进行演出表演

这样一来，公园的地表就成为了码头的外立面。

此外，公园上还“漂浮”着一个80米长的玻璃球(三层，4000平方米)。最初，它只是作为码头的候船楼，但是由于地下候船区已经与地面密不可分（与东昌港类似），它也成为了一个多功能空间。

客运中心所在的场地长900米，其主体结构占据了场地西端的300米。公园的滨水边缘下方设有一个通往三个登船口的连接走廊，乘客通过类似于机场登机道的登船道登入轮船（7万~8万吨级）。

场地的一半空间拨给了客运中心和公园，剩下的部分则修建了与客运中心无关的商业设施。

河畔公园后方是6座中层建筑、一座塔楼和一个巨大的装饰性“冬日花园”，这些都不是我们公司所设计的。除了客运中心之外，我们公司还设计了大名路上的三座建筑，它们形成了公园北侧边缘的街道边界。这11座建筑共同组成了初期商业开发。

经济开发

客运中心的战略营销目标是通过中国首个创新邮轮码头来活跃地区国际邮轮产业并带动服务业的发展。

此外，客运中心与上海塔综合体、新汇山码头综合体等其他开发一起，共同形成了虹口区北外滩复兴的催化剂。

客运中心还是地区基础设施升级的焦点。基础设施升级工程包括大名路的改造、城市地铁系统与客运中心地铁站的延长衔接以及河岸码头、防水壁、防洪堤系统的翻新。

最后，客运中心地界线内的独立商业开发（上文所提到的11座建筑）全部坐落在一个平台结构上，下方设有大型零售广场以及办公和娱乐设施。

环境影响与创新

由于位于地下，温度相对稳定，码头采用整体混凝土浇筑，没有添加多余的结构接缝或伸缩接缝（为了减少渗漏的可能），而是用1米或2米长的混凝土交替带建成。当混凝土稳固之后，再加入其他带状结构。例如，步行桥的不对称整体造型在地震防护和热量保护方面都是最佳选择。

码头的外墙分为两层，中间夹有一个500毫米厚的排水空间。排水空间内有空气流通，可以在空气进入空调系统前进行预制冷。

屋顶结构是反转的屋梁网格，保证了屋梁之间的种植空间更深，从而在上方实现真正具有热稳定性的绿色屋顶，也足够支撑成熟的树木。

码头的外壳由四边形多层隔热玻璃板（内部填充气体）构成。四边形平板的使用保证了视野不失真，所需的框架交叉点也比三角形网格更少。（外立面施工容差为10毫米。）

限制也能成为优势

黄浦江上大桥的高度将邮轮的吨位限制在7万~8万吨级之间（乘客人数限制2500位），这包含了75%以上的邮轮，但是载有5000名乘客的大型邮轮将无法停靠。但是，直接从邮轮到达市中心的便利能够弥补这一限制。客运中心为游客们提供了从邮轮到市中心的无缝连接，不仅避免了交通中转所带来的不便，还刺激了附近区域的发展。

公园地表平均拥有1米的种植土层，并可在码头上方20,000平方米的结构挖掘3米深，保证了成熟树木的种植。这种灵活的景观设计意味着建筑师将不再能控制码头表面的设计，公园可随时随地进行景观改造。但是这也意味着项目是真正的绿色设计，而不仅是流于表面。

挑战

从复合系统的角度来看，项目的尺度从1千米缩小到1毫米；功能规划兼具公共开放和安全私密的两个极端；项目意义明确而拥有无限可能，刺激着城区未来的开发和演化；设计概念综合了日常活动的公园和标志着城市港口时代的地标性建筑。这一切都不是以简单的分类就能定义的。

它们相互影响，这里所说的挑战是如何在无法定义的构成部分的基础上展示一个具有多重可能的模型。

Project Index

项目索引

曼哈顿14号街

地点：纽约曼哈顿区

初始委托方：联合爱迪生公司企划部

规划：住宅/娱乐混合式滨水开发

占地面积：150000平方英尺（约13935平方米）

地上建筑面积：1800000平方英尺（约167225平方米）

初始研究：设计建筑师：Frank Repas；规划师：Raquel Ramati Associates；重新研究：设计建筑师：Frank Repas、Jamie Park、Eirini Tcharelia

上海建工集团总部大楼

2007年~2009年

地点：中国上海

委托方：上海建工集团/上海港国际客运中心开发有限公司

委托方协调顾问：Silver Assets、Tang Hong

规划：行政办公楼地上面积21000平方米，地下面积12000平方米，包含辅助设施和停车场

建筑师：Frank Repas Architecture；设计总监：Frank Repas；项目总监：Jamie Park；项目协调：Margot List；高级三维建模：Samuel Espada、Francisco Restrepo、Carlos Meza、Gordon Wong、Sarah Bayer、Paula Rocha、Pablo Baquero

顾问：结构工程师：Arup (Hong Kong)、Patrick Tam（首席工程师）；环境工程师：Arup (Hong Kong)、William Wong；外墙工程师：RFR Paris and Stuttgart、Dr. Mathias Kutterer、Tom Gray、Matthieu Brutsaert、Lutz Dickman

本地设计单位：上海建筑设计研究院；施工单位：上海建工集团

中国建设银行营业厅

2007年~2009年

地点：中国上海

委托方：中国建设银行/上海港国际客运中心开发有限公司

委托方协调顾问：Silver Assets: Tang Hong

规划：办公楼地上面积850平方米，地下面积2500平方米，包含辅助设施和停车场

建筑师：Frank Repas Architecture，设计团队与上海建工集团总部大楼项目相同

顾问、本地设计单位和施工单位：与上海建工集团总部大楼项目相同

上海港国际客运中心码头

2004年~2010年，公园开放时间：2012年

地点：中国上海

委托方：上海港国际客运中心开发有限公司；项目总经理：He Bin Wu；上海港务局负责人：Lu-Hai Hu

委托方协调顾问：Silver Assets: Tang Hong

规划：邮轮码头可停靠3艘8万吨级的轮船，位于市中心滨水公园地下

建筑面积：地下面积64000平方米，地上面积4000平方米

建筑师：Frank Repas Architecture；设计建筑师：Frank Repas；项目总监：Jamie Park-Carter；项目协调：Seadhar Jirawattnotai；三维建模： Kevin Mok、Aki Ishida、Ruju、Casey Mack、Ron Eng、Eugenie Huang、Paula Rocha、Rebecca Collins、Mariam Mojdehi、Pablo Baquero

顾问：Weidlinger Associates；结构工程师：Tian Fang Jing；总工程师：Andrzej Brzozowski；环境顾问：Arup (Hong Kong)、William Wong；外墙工程师：RFR Paris and Stuttgart、Dr. Matthias Kutterer、Tom Gray、Colin Hutchinson、Matthieu Brutsaert；

照明顾问：LDP Australia

特别顾问：Philip Naylor（Fleet Operations, Carnival UK总经理，任职至2009年）

本地设计单位：上海建筑设计研究院；施工单位：上海建工集团

埃博尼酒店

地点和委托方：仅限于方案研究

规划：大型城市度假酒店（原型也适用于小型场地和小型酒店）

建筑师：Frank Repas Architecture

设计研究团队：Frank Repas、Jamie Park、Eirini Tcharelia

中国工商银行

地点：中国上海

委托方：中国工商银行/上海港客运中心开发有限公司

委托方协调顾问：Silver Assets: Tang Hong

规划：行政办公楼副楼，地上面积4500平方米，地下面积9000平方米，包含辅助设施和停车场

建筑师：Frank Repas Architecture，设计团队与上海建工集团总部大楼项目相同

顾问、本地设计单位和施工单位：与上海建工集团总部大楼项目相同

中东综合体

受邀竞赛作品

项目委托方：根据委托方要求保密

规划：两座高密度多功能塔楼和连接底座及公园

建筑师：Frank Repas Architecture；设计总监：Frank Repas；项目总监：Jamie Park；

高级设计师：Samuel Espada、Francisco Restrepo、Carlos Meza

建筑师顾问：Hyder Holfords

东昌港

2002年~2004年

地点：上海

委托方：方形地产有限公司，项目总经理：He Bin Wu

委托方协调顾问：Silver Assets: Tang Hong

规划：7座办公楼（“企业办事处”），每座面积2500~3000平方米，附加地下办公空间和停车场

建筑面积：地上面积20000平方米，地下面积20000平方米

建筑师：Frank Repas Architecture；设计建筑师：Frank Repas；项目总监：Jamie Park-Carter；项目协调：Seadhar Jirawattnotai；三维建模：RobertoRequejo、Kevin Mok、Ruju、Ron Eng

顾问：Weidlinger Associates；机构工程师：Tian Fang Jing；总工程师：Andrzej Brzozowski、Arup (Hong Kong)；环境顾问：William Wong；外墙工程师：RFR Paris; Tom Gray; Colin Hutchinson；照明顾问：LDP Australia

本地设计单位：上海建筑设计研究院；施工单位：上海建工集团

2010世博会会议中心

2004年~2006年

委托方：方兴地产有限公司/2010世博会运营集团；项目总经理：He Bin Wu

委托方协调顾问：Silver Assets: Tang Hong

规划：试验式小型“玻璃球”造型会议空间，配有办公空间（包含7个已有场馆中的2个）的接待区

建筑面积：地上面积7000平方米，地下面积5000平方米

建筑师：Frank Repas Architecture；设计团队与东昌港项目相同

顾问、本地设计单位和施工单位：与东昌港项目相同

维也纳酒店方案研究

地点：维也纳城市公园

委托方：维也纳城市规划部门与洲际酒店举办的竞赛

现状：项目原型研究，未参与建设

规划：30000平方米，500间各类型客房

建筑师：Frank Repas Architecture；设计研究团队：Frank Repas、Jamie Park、Eirini Tcharelia

青岛四川路三角酒店办公综合体

2009年

地点：中国青岛

委托方：根据委托方要求保密

现状：由于产权变更，项目中止

规划：酒店、两座办公楼和零售底座，总面积90000平方米，配有地下停车场

建筑师：Frank Repas Architecture；设计总监：Frank Repas；项目总监：Jamie Park；

高级三维建模：Samuel Espada、Francisco Restrepo、Carlos Meza、Yingdi Zhang

规划协调和辅助：Silver Assets: Ms. Tang Hong

汇山码头中庭楼

2012年完工

地点：中国上海

委托方：上海银汇房地产发展有限公司

委托方协调顾问：Silver Assets: Tang Hong

规划：行政办公楼，地上面积28000平方米，建在朝向黄浦江边码头的平台上；地下面积9000平方米，包含辅助设施和停车场

建筑师：Frank Repas Architecture；设计总监：Frank Repas；项目总监：Jamie Park；

高级三维建模：Samuel Espada、Francisco Restrepo、Carlos Meza、Mankei Sham、Pablo Baquero

顾问：Weidlinger Associates；结构工程师：Tian Fang Jing；总工程师：Andrzej Brzozowski；环境顾问：Arup (Hong Kong), William Wong；外墙工程师：RFR Paris and Stuttgart、Dr. Mathias Kutterer、Matthieu Brutsaert、Hemant Thombre、Lutz Dickman

本地设计单位：上海建筑设计研究院；施工单位：上海建工集团

汇山上海航运交易所副楼

2013年开始施工

地点：中国上海

委托方：上海汇港房地产开发有限公司

委托方协调顾问：Silver Assets: Tang Hong

规划：行政办公楼，地上面积12000平方米，建在朝向黄浦江边码头的平台上；地下面积12500平方米，包含辅助设施和停车场

建筑师：Frank Repas Architecture；设计总监：Frank Repas；项目总监：Jamie Park；高级三维建模：Samuel Espada、Eirini Tcharelia、Francisco Restrepo、Carlos Meza、 Mankei Sham

顾问：Weidlinger Associates；结构工程师：Tian Fang Jing；总工程师：Andrzej Brzozowski；环境顾问：Arup (Hong Kong), William Wong；外墙工程师：RFR Paris and Stuttgart、Dr. Mathias Kutterer、Matthieu Brutsaert、Hemant Thombre、Lutz Dickman

本地设计单位：上海建筑设计研究院；施工单位：上海建工集团

上海首席影城

2010年

委托方：上海汇港房地产开发有限公司

委托方协调顾问：Silver Assets: Tang Hong

规划：地下影城包含6~10个影厅：400座1个，200座2个，100座3~7个

现状：项目被取代

建筑师：Frank Repas Architecture；设计总监：Frank Repas；项目总监：Jamie Park

高级三维建模：Samuel Espada、Carlos Meza、Mankei Sham、Diego Chavarro

本地设计单位：上海建筑设计研究院；施工单位：上海建工集团

丝绸之路酒店方案研究

2013年

地点和委托方：仅限于方案研究

规划：综合性塔楼及大型总体规划

建筑师：Frank Repas Architecture

设计研究团队：Frank Repas、Jamie Park、Xinjing Huang、Eirini Tcharelia

近宁波小岛度假村

2011年

地点和委托方：仅限于方案研究

规划：两座度假酒店、一座公寓楼、一个邮轮码头

建筑师：Frank Repas Architecture

设计研究团队：Frank Repas、Jamie Park、Carlos Meza、Mankei Sham

规划协调和支持：Silver Assets: Tang Hong

城市湿地总体规划

2012年~2013年

地点和委托方：保密

现状：已获批，等待二期规划

规划：大规模住宅/办公/零售/教育综合体。一期面积约250000平方米，二期和三期面积约2000000平方米

建筑师：Frank Repas Architecture；设计总监：Frank Repas；项目总监：Jamie Park、Eirini Tcharelia、Samuel Espada、Carlos Meza、Mankei Sham、Leah Park

规划协调和支持：Silver Assets: Tang Hong

Recent Events and Publications

近期活动及出版物

瑞士洛桑市联邦理工学院compleXsystems小组会议

2013年10月11日，瑞士洛桑市联邦理工学院的Complex Systems小组在上海针对上海港国际客运中心的设计与运营进行了探讨。在研讨会上，由马琳·勒鲁女士组织的35名学者对这个大型项目的城市交互作用进行了研究。

《交通设施》，Carles Broto编，Linksbooks在巴塞罗那和中国出版，出版时间2013年。本书汇集了近年来全球的大规模交通设施，其中上海港客运中心占了一个重要的章节。

《弗兰克·雷帕什建筑事务所2014》，270页，将由辽宁科学技术出版社出版。对事务所的作品进行了全面研究，由肯尼斯·弗兰姆普顿教授、约翰·赖赫曼教授、卡尔·朱教授撰文，安德鲁·麦克尼尔撰写简介。

《城市建筑交通设施》，预计2014年出版。

《L' ARCA》国际建筑、设计与视觉传达杂志（意大利），期号108-2012 pp. 58-67，《上海港国际客运中心》。

《BLUEPRINT》杂志（英国），期号316，2012年6月刊，p. 22

《PERSPECTIVE》杂志（香港）2012年10月刊，《重返浪漫——上海港国际客运中心》

《32BNY》（纽约），期号10，《色彩/光线/速度——上海港国际客运中心》

Additional Credits and Thanks

工作人员名单及致谢

中国方面

上海港国际客运中心项目

Philip Naylor先生（时任英国嘉年华邮轮运营公司总经理），作为一位友人，他以丰富的经验为项目提出了许多良好的建议。

客运中心及其他项目的顾问

项目顾问们的创造力、专业技术和建议是项目成功的关键。由于本书中的项目大多为国际合作项目，其规模和复杂性都要求团队通力合作，因此，更应该感谢他们所做出的贡献。

除了上海建工集团总部大楼项目之外，本书中所有其他项目的结构工程师均为纽约的Weidlinger Associates事务所。总监经天放先生为我们提供了大量的技术、建议和支持，他的同事Andrzej Brzozowski也起到了关键作用。

所有项目的外墙咨询工程师均为RFR事务所（巴黎、斯图加特和上海）。Mathias Kutterer博士和Tom Gray（合作至2008年）对解决上海客运中心观光候船楼和步行桥的采光问题提出了宝贵的建议。Colin Ferguson、Matthieu Breutsart、Hemant Thombre和Lutz Dickman则为项目提供了有力的本地支持。

我们主要的环境系统顾问是Arup (HK)的黄志宏（合作至2011年），他们为项目提出了许多创新理念。他的同事，首席结构工程师谭志鹏是上海建工集团总部大楼及周边商业建筑的结构工程师。

上海建筑设计研究院为所有项目提供了本地支持和实施。

施工主要由上海建工集团完成，他们的专业技术和创新精神是实现设计方案的关键。

东昌港的创新照明概念和上海港国际客运中心的初始照明设计由澳大利亚的Dhruvajyoti Ghose事务所提供。

纽约方面

友人及同事

以下友人对我们的事务所提供了宝贵的支持：Lawrence Marek（美国建筑师协会成员）从一开始就功不可没；Andrew MacNair（20世纪80年代任纽约建筑与城市研究协会联合总监）多年来的指导对我们十分重要；感谢Robert Langford对我们工作（特别是事务所成立初期）的信任和支持。

Weidlinger Associates事务所总监经天放先生是超长跨度结构的权威，他在创新型结构设计方面的贡献、他的远见卓识以及他所在事务所的鼎力支持对我们来说至关重要。

团队成员

项目总监Jamie Park Carter在事务所的发展中起到了重要作用，此外，以下团队成员也功不可没：

Eirini Tsachrelia，作为设计研究的新进人员，他与我们共同探索了城市化及其理论的多种形式和意义。

Samuel Espada，他的三维建模技术是项目设计演化的关键，他主动为事务所争取了中东设计竞赛的受邀权。

设计团队还包括以下人员：

Xinying Huang
Carlos Meza
Pablo Baquero
Margot List
Seadhar Jirawattnotai
Roberto Requejo
Francisco Restrepo
Ruju Jasani
Kevin Mok
Rebecca Collins
Mariam Mojdehi
Paula Rocha
Yingdi Zhang
Sara Bayer
Gordon Wong
Mankei Sham
Ahmed Youssef
Casey Mack
Aki Ishida
Ron Eng
Eugenie Huang
Diego Chavarro
Sheung Tang Luk.
Paul Typa
Leah Park
Luciano Landaeta
Rolando Lineros
Shaumikya Sharma

Biographical Notes

作者简介

约翰·赖赫曼教授是一名哲学家，他的作品在欧洲现代哲学中有着极高的地位，特别是在艺术历史和建筑领域。

他在普林斯顿大学、麻省理工学院以及巴黎的国际哲学研究院等处任教，是哥伦比亚大学艺术历史及考古系现代艺术文学硕士项目的负责人。他还是《艺术论坛》杂志的特约编辑、《评论空间》的委员会成员。他拥有耶鲁大学和哥伦比亚大学的双重学位。

肯尼斯·弗兰姆普顿教授是一名英国建筑师、评论家和历史学家，他的作品对现代建筑有着独到的见解。作为一名评论家和历史学家，由于在批判性地域主义方面有着的独特见解，他在建筑以及建筑教育领域具有强大的影响力。

他是哥伦比亚大学建筑、规划和保护研究院的建筑学教授。

图书在版编目（CIP）数据

弗兰克·雷帕什建筑事务所作品集 / 美国弗兰克·雷帕什建筑事务所编著；常文心译.

— 沈阳:辽宁科学技术出版社，2014.6
ISBN 978-7-5381-8527-0

Ⅰ. ①弗… Ⅱ. ①美… ②常… Ⅲ. ①建筑设计－作品集－美国－现代 Ⅳ. ①TU206

中国版本图书馆CIP数据核字(2014)第042154号

出版发行：辽宁科学技术出版社
（地址：沈阳市和平区十一纬路29号 邮编：110003）
印 刷 者：利丰雅高印刷（深圳）有限公司
经 销 者：各地新华书店
幅面尺寸：215mm×285mm
印 张：17
插 页：4
字 数：50千字
印 数：1～1000
出版时间：2014年 6 月第 1 版
印刷时间：2014年 6 月第 1 次印刷
责任编辑：陈慈良 王晨晖
封面设计：关木子
版式设计：关木子
责任校对：周 文
书 号：ISBN 978-7-5381-8527-0
定 价：268.00元
联系电话：024-23284360
邮购热线：024-23284502
E-mail: lnkjc@126.com
http://www.lnkj.com.cn
本书网址：www.lnkj.cn/uri.sh/8633